AF344243

LECONS DE PHISIQUE,

Contenant les Elémens de la Phifique, déterminés par les feules Loix des Mécaniques.

EXPLIQUE'ES

Au Collége Royal de France.

Par JOSEPH PRIVAT DE MOLIERES, Profeffeur Royal en Philofophie, de l'Académie des Sciences, & Membre de la Société Royale de Londres.

TOME SECOND.

A PARIS,

Chez la Veuve BROCAS, ruë S. Jacques, au Chef S. Jean.
MUSIER, à l'entrée du Quai des Auguftins, du côté du Pont S. Michel, à l'Olivier.
Et JOSEPH BULLOT, Imprimeur-Libraire, ruë de la Parcheminerie, près S. Severin, à l'Image S. Joseph.

M. DCC. XXXVI.

Ce Volume contient,

1°. La defcription mécanique des trois Elémens de la matiere Etherée.

2°. La defcription de l'Air, & l'explication mécanique de fes principales propriétés.

3°. La defcription de l'Eau & l'explication mécanique de fes principales propriétés.

4°. La defcription de l'Huile & l'explication mécanique de fes principales propriétés.

5°. La defcription du Feu, & l'explication mécanique de la Raréfaction de la Chaleur, de la Lumiere, des Couleurs, &c.

6°. La defcription du Sel, & l'explication mécanique de la vertu diffolvante de l'Eau.

R Egiſtré ſur le Regiſtre VIII. de la Chambre Royale & Syndicale des Libraires & Imprimeurs de Paris, N°. 792. fol. 774. conformément au Reglement de 1723. Qui fait défenſe Art. IV. à toutes perſonnes de quelque qualité qu'elles ſoient, autres que les Librai es & Imprimeurs, de vendre, débiter & faire afficher aucuns Livres pour les vendre en leurs noms, ſoit qu'ils s'en diſent les Auteurs, ou autrement; & à la charge de fournir les Exemplaires preſcrits par l'Article CVIII. du même Reglement. A Paris le 15. Novembre 1734.
Signé, G. MARTIN, Sindic.

AVIS AU RELIEUR.

I. Il faut placer ce feüillet à la fin du premier Volume, à la ſuite du Privilege.

II. Il faut ôter le premier feüillet de ce premier Volume, & en mettre un autre à la place.

III. Il faut ôter les feüillets cotés 205 & 207, & mettre à la place les feüillets cotés 205, 206 & 207.

IV. Il faut ôter le feüillet coté 259, & mettre à la place les feüillets cotés 259 & 261.

TABLE

DES TITRES ET PROPOSITIONS
contenuës dans ce Volume.

LEÇON VI.

Des Elemens de l'Ether, ou de la Matiere subtile.

PROPOSITION I.

LES parties du premier & du second Elément, ne peuvent être que de petits tourbillons contenus les uns dans les autres. pag. 1

PROP. II. Les parties dont les corps senfibles font formés, ne peuvent être ni moins régulieres dans leur figure, ni moins fubtiles, ni moins fujettes aux loix générales du mouvement, que celles du fecond & du premier Elément. 10

PROP. III. La matiere dont l'univers eft formé, ayant d'abord été diftribuée en de très-grands tourbillons, compofés de petits tourbillons, on peut concevoir que, felon les Loix des Mécaniques, des Globes pefans fe foient formés aux centres de quelques-uns de ces grands Tourbillons. 17

PROP. IV. Ce qui eft arrivé aux Grands Tourbillons des Planetes a dû fe produire en même tems dans la plûpart des petits tourbillons dout ces Grands Tourbillons

font compofés , c'eft-à-dire , que dé
Globules pefans ont dû en même tems fe
former à leurs centres par les mêmes
voyes.   24
Prop. V. Les petits tourbillons qui auront
un Globule à leur centre feront pefans ,
& tendront tous à fe mouvoir de la fuperficie au centre du Grand Tourbillon
qui les contient.   32
Prop. VI. Les Petits Tourbillons compofés d'autres tourbillons encore plus petits , qui ont chacun un Globule pefant à
leur centre , faifant équilibre avec des
Tourbillons ordinaires , feront néceffairement plus grands que les tourbillons ordinaires.   35
Prop. VII. Les Globules formés dans les
petits tourbillons , doivent être confide-
rés comme de petits corps durs.   37
Prop. VIII. Les Globules compris dans
les Petits Tourbillons , ne doivent pas
être tous égaux , ni également durs , ni
également denfes : au contraire il doit y
avoir fur tous ces points une grand variété.   51
Prop. IX. Les Petits Tourbillons du troifiéme Elément qui rempliffent l'Atmofphere d'une Planete , font des Tourbillons compofés de Petits Tourbillons du
fecond Elément.   53
Prop. X. Les trois Elémens que nous ve-
non de confiderer , peuvent former trois
milieux differens , qui rempliront chacun le même efpace , fans s'exclure l'un
l'autre , fans fe confondre , ni fe nuire

dans aucune de leurs fonctions; Et dont l'Elasticité du premier sera incomparablement plus forte que celle du second ; & l'Elasticité du second plus forte que celle du troisiéme. 57

Prop. XI. Les Petits Tourbillons du Premier Elément, pourront quelquefois devenir Tourbillons du second Elément; Et ceux du second Elément devenir Tourbillons du troisiéme Elément. 68

Prop. XII. Les Tourbillons du troisiéme Elément, contenus dans l'Atmosphere d'une Planete, seront d'autant plus petits, qu'ils seront plus éloignés de sa superficie. Et il y aura enfin un terme au haut de l'Atmosphere, où les Tourbillons du troisiéme élément se confondront avec ceux du second, & feront équilibre avec eux. 72

Prop. XIII. Les Petits Tourbillons du troisiéme Elément, qui remplissent l'Atmosphere d'une Planete, ne doivent pas circuler si promtement autour de son centre, que les Petits Tourbillons du second Elément l'auroient fait, si le Grand Tourbillon de la Planete étoit demeuré dans l'état de simplicité où nous avons consideré le Tourbillon dans les Leçons précédentes. 78

Prop. XIV. Le dérangement survenu dans les couches du Tourbillon de Planetes, à l'égard de la Regle de Kepler, ne doit avoir causé aucun changement dans la loi de la pesanteur. 84

Prop. XV. Les Globules pesans qui sont

iij

TABLE

au centre des Petits Tourbillons du troifiéme Elément, feront Electriques.   89

LECON VII.

DE L'AIR.

PROP. I. L'experience apprend que l'Air
est un milieu tranfparent, fluide, pefant,
poreux, élaftique.   99

PROP. II. L'Experience apprend encore
que l'Air eft capable d'une grande dilatation & d'une grande compreffion.   105

PROP. III. L'Air ne peut être un Milieu
formé de petites parties branchuës, ni
de petites lames contournées en limaçon.   143

PROP. IV. L'Air, confideré dans fon état
le plus fimple, eft un Milieu formé de
Petits Tourbillons du troifiéme Elément,
qui ont un Globule pefant à leurs centres.   153

PROP. V. L'Air, l'Eau, l'Huile, le Vif-
Argent, & généralement tout ce que
nous nommerons *Fluide*, ne peut être
autre chofe qu'un Milieu compofé de Petits Tourbillons. Et un Milieu compofé
de petits tourbillons, qui fe balancent
librement, eft *un Fluide*   156

PROP. VI. L'Air étant un amas de petits
tourbillons du troifiéme Elément, compofé de petits tourbillons du fecond
Elément, fera pefant, fluide, lubrique,
tranfparent & poreux.   165

PROP. VII. L'Air, tel que nous l'avons
déterminé,

déterminé, fera capab'e d'une grande Elasticité; mais son Elasticité fera incomparab'ement moindre que celle de l'Ether. 170

PROP. VIII. L'air, tel que nous l'avons décrit, doit être capable d'une grande & promte dilatation, & d'une grande compreſſion. 175

PROP. IX. L'Air étant un amas de petits tourbillons ſphériques du troiſiéme Elément, pourra facilement ſe charger de pluſieurs petites parties hetherogenes, quoique plus peſantes qu'un pareil volume de ce fluïde, les tenir ſuſpenduës dans ſa capacité, les y diſtribuer uniformément, & leur procurer un grand mouvement en tous ſens, ſans que ces parties hetherogenes produiſent aucune altération aux molécules de l'Air. 184

PROP. X. La ſuſpenſion du Vif-Argent dans le Barometre n'eſt pas la meſure du poids de l'Air; mais une meſure très-exacte de ſon Elasticité actuelle. 189

PROP. XI. L'augmentation du poids de l'Air doit faire baiſſer le Barometre. 206

PROP. XII. Les effets de l'Air découverts par le Barometre, ſont une ſuite mécanique de la ſtructure que nous avons attribuée à ſes parties. 212

PROP. XIII. Les experiences faites dans les Indes ſur le Barometre, par les Aſtronomes de l'Academie, ſont une ſuitſ de la conſtruction que nous avons attri ué ſ à l'Air. 21)

PROP. XIV. L'Air, ou le troiſiéme El men,

vj

TABLE

n'eft pas le feul milieu comprimant qu'il y ait dans l'Univers. Et l'on peut prouver par l'expérience que le fecond & le premier Elément font des milieux dans lefquels la force de compreffion eft incomparablement plus grande. 223

Prop. XV. Le retardement des Pendules fous l'Equateur, n'eft pas une conféquence néceffaire que la Terre foit un Spheroïde applati. 233

LEÇON VIII.

DE L'EAU, DE L'HUILE, &c.

Prop. I. L'experience apprend que l'Eau pure eft un milieu fluide, pefant tranfparent & poreux; fans couleur, fans odeur, fans faveur, douce au toucher, incapable de tranfmettre le fon, que le poids ne peut comprimer fenfiblement, &c. 228

Prop. II. L'Eau ne peut être un milieu compofé de petites parties longues & pliantes, ni de globules durs & fans reffort. 243

Prop. III. L'Eau n'eft pas abfolument parlant incompreffible par le poids. 247

Prop. IV. L'Eau eft un milieu formé de Petits Tourbillons du fecond Elément, compofés d'autres tourbillons encore plus petits, qui ont chacun un globule pefant à leurs centres, & qui circulent autour d'un globule principal

qui eſt au centre de chaque petit tourbillon de l'Eau.   249

PROP. V. De cette notion claire, diſtincte & purement mécanique de la ſtructure
des molecules de l'Eau, on en conclura
ſans peine ſa fluidité, ſon élaſticité, ſa
peſanteur, ſa tranſparence, ſon inſipidi-
té, &c.   255

PROP. VI. Les petits tourbillons de l'Eau
ſeront plus grands que ceux du ſecond
Elément.   258

PROP. VII. L'Eau ne pourra être ſenſiblement dilatée par la ſuppreſſion du
poids de l'Atmoſphere : ni ſenſiblement comprimée par aucun poids dont
nous puiſſions faire uſage à cet effet.
   261

PROP. VIII. La raréfaction de l'Eau par
le chaud, & ſa condenſation par le
froid, eſt une ſuite néceſſaire de la
conſtruction que nous lui avons attribuée.   267

PROP. IX. L'Huile n'eſt pas, comme on
le prétend communemenr, un amas
de petites parties branchuës & entrelaſſées les unes dans les autres : mais un
amas de petits tourbillons du premier
Elément, compoſés de tourbillons incomparablement plus petits, qui ont
chacun un globule peſant à leurs centres.   271

PROP. X. La matiere qui ſort en forme
de bulles de tous les points de l'eſpace qu'occupe un certain volume d'Eau
que l'on met ſous le Récipient de la

b ij

viij # TABLE

Machine du vuide, & qu'on décharge
du poids de l'Atmosphere, n'a pu être
contenuë sous la forme d'Air dans l'Eau
d'où elle est sortie.   284

Prop. XI. Les parties de la matiere contenuë dans les pores de l'Eau qui se
transforme en Air, par l'exercice de la
Pompe, ne sont autre chose que de petits tourbillons de l'Huile, qui s'agrandissent & qui entraînent dans leur circulation les petits tourbillons de l'Ether
qui entrent continuellement dans le
Recipient par les pores du verre.   314

Prop. XII. La congelation de l'Eau est
une suite mécanique de la construction
que nous avons attribuée aux molecules
de l'Eau.   337

LEÇON IX.

DU FEU, DU SEL,

Et de la vertu dissolvante de l'Eau.

Prop. I. L'Action du Feu ne procede
pas du mouvement confus d'une matiere subtile : mais elle procede mécaniquement du mouvement circulaire des
petits tourbillons du premier Elément.
    347

Prop. II. L'Action de l'Elément du Feu
ne se communique aux corps sensibles
que par l'entremise des molecules de
l'Huile.   350

Prop. III. L'Huile ne peut acquerir la

forme de Flame dans les pores de l'Eau : mais feulement lorfque fes molecules font répanduës dans les pores de l'Air. 362

PROP. IV. La Lumiere du Soleil nous eft tranfmife par les vibrations que les molecules enflamées de l'Huile, que fon Atmofphere contient excitent dans le fecond Elément ; Et la Chaleur par les vibrations que ces mêmes molécules excitent dans le premier Elément. De telle forte que la Lumiere pourra être quelquefois fans chaleur, & la Chaleur fans lumiere. 374

PROP. V. L'Huile peut recevoir tous les degrès de chaleur & de raréfaction dont un milieu eft capable. L'Eau au contraire ne peut recevoir qu'un certain degré déterminé de chaleur & de raréfaction. 382

PROP. VI. L'Efprit-de-Vin ne peut fe geler que très-difficilement. Et l'Huile commune ne doit pas devenir en fe gelant un corps dur comme la glace. 393

PROP. VII. Le Sel eft une matiere favoureufe, feche, friable, que l'Eau diffout fans le détruire, & que le Feu calcine & fond comme un métail.

PROP. VIII. La vrai caufe de la Diffolution n'a pas encore été connuë. 413

PROP. IX. La vertu diffolvante de l'Eau, eft une fuite mécanique de la conftruction que nous lui avons attribuée. 419

P_{ROP}. X. La purification des Sels par la
Diſſolution & par la Criſtalliſation, eſt
une ſuite des principes que nous venons d'établir.   434

FIN DE LA TABLE
des Propoſitions.

❖❖❖❖❖❖❖❖❖❖❖:❖❖❖❖❖❖❖❖❖❖

EXTRAIT DES REGISTRES
de l'Académie Royale des Sciences.

Du 3. Décembre 1735.

MEssieurs de Mairan & l'Abbé de Bragelonne qui avoient été nommés pour examiner le second Tome des Leçons Physiques de M. l'Abbé de Molieres, en ayant fait leur rapport ; la Compagnie a jugé qu'il n'y avoit rien qui en dût empêcher l'impression , en foi de quoi j'ai signé le present Certificat. A Paris ce 4. Décembre 1735.
Signé, FONTENELLE.
Secretaire perpétuel de l'Académie Royale des Sciences.

LEÇON VI.

LECON VI.

DES ELEMENS
de l'Ether ou de la Ma-
tiere subtile.

PROPOSITION I.

*Les parties du premier & du se-
cond Elément, ne peuvent être
que de petits tourbillons contenus
les uns dans les autres.*

CEux qui ne font confif-
ter la Phifique ou la connoiffance des chofes na-
turelles, que dans les experiences, s'imaginent ne point former d'hipothefes & déclament
ordinairement contre les fiftê-

A

mes généraux, les regardant comme le fruit de l'imagination. Cependant le fait est constant que plus ils font d'effort pour ne s'en tenir qu'à la seule expérience, plus ils multiplient les suppositions, & qu'ils introduisent autant de sistêmes particuliers, qui souvent se contredisent, qu'ils considerent d'effets differens. De sorte que pour se soustraire à un ordre général qui les gêne, ils tombent sans y penser dans l'anarchie & dans la confusion; ce qui détruit la Phisique, & leur ravit le fruit de leurs travaux: ou cette fécondité que la connoissance de l'ordre, de l'union, & de la subordination des causes peut seule produire.

Qu'on ne suive pas servilement & de point en point le sistême de Descartes, il n'y a rien là qui ne soit raisonnable; Descartes ne pouvoit pas tout pré-

voir ; mais fes vûës générales
font fi folides, qu'on ne peut les
négliger. Qu'on ne s'attache
fcrupuleufement à aucun fiftême, je le veux : mais il ne s'enfuit pas de-là que l'on puiffe fe
paffer d'un principe général auquel on doive rapporter toutes
les expériences. Sans cela on aura
beau faire, on fera toujours la
dupe de l'imagination qui ne
manque jamais d'ajoûter fubti-
lement & fans qu'on s'en ap-
perçoive, quelque chofe du fien
à ce que l'expérience prife avec
le plus de précaution nous dit
de l'effet que nous confiderons.

Le principe qu'il faut toujours avoir en vûë, & qui doit
fervir comme de pierre de touche pour connoître fi nous ne
nous méprenons pas dans les ir-
conftances de l'effet que nous
obfervons, eft de rapporter cet
effet aux loix des Mécaniques.

A ij

Et c'est en suivant ce principe que Descartes s'est déterminé pour le sistême du plein, & qu'il a rempli l'univers de grands tourbillons : Mais Descartes n'ayant pas assez approfondi les loix des forces centrifuges, car M. Huguens est le premier qui en a donné le détail ; & craignant qu'un tourbillon ne pût subsister long tems parmi d'autres tourbillons, à moins d'un certain arrangement fixe ; au lieu de généraliser l'idée du Tourbillon, comme il étoit convenable, Descartes s'est contenté de remplir ses grands tourbillons :

1°. De globules durs dont il a formé son second élément, qu'il supposoit se mouvoir en tous sens, sans nous dire pourquoi ils étoient durs ; ni sans nous expliquer comment ce mouvement confus pouvoit leur être attribué & y subsister continuellement.

2°. D'une matiere fine qui remplissoit les espaces angulaires que les globules laissoient entr'eux, dont il a formé son premier élément, aux parties duquel il attribuoit de même un mouvement confus & en tous sens beaucoup plus grand & plus varié que celui qu'il avoit attribué aux globules du second élément.

3°. Enfin d'une matiere grossiere dont les parties avoient des figures tres irregulieres, & dont il composa son troisiéme élément ; lequel, à son avis, ne pouvoit recevoir du mouvement que de la matiere subtile du second & du premier, & devoit le perdre aussi-tôt qu'il l'auroit reçu, selon les loix du choc qu'il avoit imaginées.

Mais les loix du mouvement de Descartes s'étant trouvées trop contraires à l'experience, on voit évidemment que l'idée

qu'il nous a donné des élémens
ne peut plus être ſuivie. Qu'il
n'eſt pas vrai qu'un petit corps
n'en puiſſe ébranler un grand,
ni qu'il ne doive pas lui communiquer au moindre choc
preſque toute ſa force, & perdre la plus grande partie de ſa viteſſe. Que ce mouvement confus qu'il attribuë aux parties du
premier & du ſecond élément,
devoit néceſſairement paſſer au
troiſiéme, & diſparoître en un
inſtant dans les deux autres.
Que tant que la matiere du premier élément, dont le feu doit
tirer toute ſon activité, ne ſera
renfermée que dans les eſpaces
angulaires que laiſſeront entre
eux les globules du ſecond élément, qui doivent remplir tout
l'univers & s'entretoucher toùs
exactement pour tranſmettre
en un inſtant la lumiere des aſ-
tres, jamais cette matiere ſubtile

ne pourra fe dégager de ces intervales étroits , ni fe trouver
raffemblée en une affez grande
abondance pour caufer l'incen-
die d'une forêt , par exemple.
Qu'enfin la divifion actuelle que
Defcartes s'eft contenté d'admettre dans la matiere , ne peut en
aucune forte fuffire , ni répondre à la délicateffe des effets dont
nous connoiffons le détail beaucoup plus diftinctement qu'il n'a
pû le connoître.

C'eft donc maintenant une
néceffité de pouffer plus loin les
premieres vûës de Defcartes & de
tranfporter l'idée de fes tourbillons aux moindres parties de la
matiere. Car s'il eft vrai que le
mouvement circulaire & en
tourbillon foit perpetuel, il n'en
coûte pas plus de réduire toute la
matiere en de très-petits tourbillons avant que de la diftribuer
en de très - grands , que de pen-

fer qu'elle n'a d'abord été diftribuée qu'en ces grands tourbillons ; & fi l'expérience de plufieurs fiécles a appris que la viteffe des Planetes entraînées par
ces grands tourbillons n'a pas diminué , & que ce foit là une
preuve d'experience que le mouvement du tourb. eft perpetuel
il eft clair que ce même mouvement fera également perpetuel dans les petits tourbillons ,
comme il l'eft dans les grands.

C'eft pourquoi nous ne devons
faire aucune difficulté de transformer les globules du fecond
élément de Defcartes en autant
de petits tourbillons qui fe balançant entr'eux forment un milieu élaftique qui remplit tout
l'univers ; Et de changer les parties de fon premier élément en
des tourbillons encore plus petits
qui rempliffent non - feulement
les intervalles que les premiers

laiffent entr'eux, mais auffi tout
l'efpace qu'ils occupent, n'étant
eux-mêmes formés chacun que
d'un amas de ces petits tourbillons du premier élément;lefquels
par conféquent formeront encore un fecond milieu élaftique,
dont le reflort fera incomparablement plus vif que n'eft celui
du précedent, qui remplira de
même tout l'univers & qui fera
préfent par tout où fera en
même temps le fecond élément.
Donc, &c. C. Q. F. D.

REMARQUE.

Par ce moyen, 1°. Nous évi-
tons de regarder la dureté comme un principe. 2°. Nous avons
la caufe mécanique du reflort,
de la pefanteur, &c. 3°. Le premier élément fe trouve réellement exiftant par tout où eft le
fecond & en auffi grande quantité l'un que l'autre, fans fe con-

fon drenı fans fe nuire dans leurs
fonctions. 4°. On conçoit diftinctement le mouvement qui les
agite & comment il peut conftamment y fubfifter, &c. Ce
font là des avantages fi confiderables que, fans parler de la fimplicité & de l'évidence du principe d'où ils procedent, ils méritent feuls toute l'attention du
Lecteur intelligent.

PROPOSITION II.

*Les parties dont les corps fenfibles
font formés ne peuvent être ni
moins régulieres dans leur figure,
ni moins fubtiles, ni moins fujettes aux loix générales du mouvement, que celles du fecond &
du premier élément.*

Defcartes ne diftinguoit la
matiere dont les corps fenfibles
font formés, & qu'il nommoit
le troifiéme élément, de celle

du second & du premier, que
par la grosseur de ses parties &
par l'irregularité de leurs figures.
Mais Descartes n'avoit pas eu
occasion de bien considerer les
phénomenes, qu'une longue attention aidée de sa Méthode,
nous a montrés. Privé de la vûë
des experiences, que ses disciples
ont fait depuis avec un grand
succès, & une sagacité merveilleuse, il n'avoit garde de supposer dans la nature plus de mistere
qu'il n'y en découvroit. Ces
nouvelles observations nous in-
diquent maintenant une si grande précision, & une constance si
marquée dans les opérations de
la nature, qu'il est comme impossible de ne pas s'appercevoir
qu'elles procedent d'un ordre
très-déterminé dans les causes.

D'ailleurs Descartes ayant posé
pour principes, que le mouvement, de quelque façon qu'il

pût être diftribué dans les parties de la matiere, devoit y fubfifter perpetuellement, felon les loix du choc qu'il avoit imaginées ; Et que le fimple repos avoit une force capable de produire la dureté & la confiftance qu'il fuppofoit dans les parties de la matiere ; ces faux principes l'empêcherent de voir que les figures qu'il attribuoit gratuitement aux petits corps qui entroient dans la compofition des mixtes, n'étoient au fond que de pures chimeres, d'effets imaginaires, qui ne pouvoient procéder d'aucune caufe réellement mécanique, de la façon que les loix du mouvement nous font à préfent manifeftées.

On ne peut donc maintenant que l'on eft perfuadé que la dureté ne peut être qu'un effet du mouvement, & que le mouvement ne peut être permanent

dans les parties de la matiere, si elles ne se meuvent circulaire- ment & en tourbillon ; on ne peut, dis-je, ne pas voir que ce seroit évidemment introduire de nouveau le sistême des qua- litez occultes , contre lequel Descartes a tant combattu , que de supposer sans autre façon, pour cause d'un tel & tel effet , des figures & des mouvemens dans les petites parties des mix- tes dont on ne connoîtroit ni l'origine, ni la cause mécanique qui les produit , & seulement parce qu'on appercevroit quel- que légere convenance entre ces mouvemens , ces figures & l'effet qu'on se propose d'expliquer.

D'où il suit qu'on ne peut présentement supposer trop de régularité dans les figures des élémens, ou des moindres par- ties qui entrent dans la compo- sition des corps sensibles , ni les

faire dépendre de mouvemens
trop précifément déterminés,
fans quoi il n'y aura jamais rien
de démontré en Phifique. Et l'on
conviendra fans peine qu'on ne
peut pouffer trop loin la divifion
actuelle & permanente de cette
matiere, fi on confidere feulement avec quelque attention le
moindre corps organifé, une
plante, un Ciron par exemple.

Il s'en faut bien que le Ciron
foit le plus petit des animaux
que le microfcope nous a montré; ce Ciron néanmoins a des
yeux, des dents, des jambes, il
va, il vient, tous fes petits membres fe remuent avec une extrême agilité; il a donc des mufcles,
un cerveau, un cœur, des veines, du fang dans ces veines,
des efprits dans les fibres de ces
nerfs. D'ailleurs le Ciron vient
d'un œf mille fois plus petit que
l'animal qui l'a pondu, & celui

qui en doit naître eſt renfermé dans cet œuf, & n'occupe d'abord que comme un point de cet eſpace imperceptible à nos yeux; mais qui eſt à l'égard du Ciron naiſſant comme un monde entier, dans lequel eſt renfermé tout l'appareil exterieur qui doit contribuer à ſon accroiſſement, par l'entremiſe d'une infinité de petits tuyaux par où doit circuler le ſuc nutricier contenu dans l'œuf, &c.

Qu'on imagine donc, ſi on le peut, la délicateſſe des parties des fluides qui circulent dans des vaiſſeaux ſi déliés; la plûpart de ces parties ſi fines doivent être peſantes; car le ciron qui s'en nourrit péſe, & la peſanteur eſt ſans contredit le caractere le plus marqué des parties du troiſiéme élément. Or il ne s'agit pas ſeulement ici de la ſimple diviſibilité de la matiere, il s'y agit

de son actuelle division & subdivision, & non seulement d'une
division passagere, mais d'une
division & subdivision permanente, & qui ait pû durer depuis
le commencement du monde
jusqu'à présent.

On ne peut donc plus maintenant regarder, comme le faisoit Descartes & comme la plûpart des Cartesiens d'aujourd'hui
continuent de le faire séduits par
son autorité, la matiere du troisiéme élément comme un effet
produit sans précaution, ou qui
procede du débris des angles des
premieres parties de la matiere;
ni se contenter de ne distinguer
les parties du troisiéme élément
de celles du second, que par la
grosseur & l'irrégularité de leur
figures;mais on doit plutôt les regarder comme une production
exquise de l'action des parties
du second & du premier élément.

ment. Donc, &c. C. Q. F. D.

PROPOSITION III.

La matiere dont l'univers est formé ayant d'abord été distribuée en de très-grands tourbillons composés de petits tourbillons, on peut concevoir que, selon les loix des Mécaniques, des globes pesans se seront formés aux centres de quelques-uns de ces grands tourbillons.

Nous venons de découvrir par l'expérience qu'il faloit qu'il y eût une grande subtilité & un grand mouvement dans les parties du troisiéme élément : mais tant que nous n'aurons qu'une idée confuse de la division de cette matiere, & que nous ne connoîtrons pas distinctement quelle en est l'origine, ni comment elle peut y subsister constamment, nous ne pourrons jamais décou-

B

vrir les effets qu'elle peut produire.

D'ailleurs la régle que nous
devons suivre avec le plus de
soin dans nos recherches, est de
ne perdre jamais de vûë le rapport immédiat de ce qui précede
avec ce que nous avons à dire,
afin qu'on ne puisse pas nous im-
puter d'introduire à chaque occasion de nouveaux sistêmes. Car
ce n'est pas proposer un sistême
nouveau que de tirer une conséquence des principes qui ont
déja été déduits des plus simples
loix des Mécaniques ; C'est au
contraire ce qu'on appelle démontrer, & suivre la Méthode
d'Euclides qui, avant puisé ses
axiomes dans la Métaphisique,
en a déduit les élémens de la Géométrie ; Car la Mécanique étant
à la Phisique ce que la Métaphisique est à la Géométrie, lorsqu'on tire les principes de la Phi-

fique des simples loix des Mécaniques, on ne fait point proprement d'hipothefe , on ne fait
que continuer une fcience déja
folidement établie. Or ,

1°. En vertu du faffement
perpetuel qui doit fe faire des
parties de la matiere qui forme
les petits tourbillons , dont les
grands font compofés, en paffant
de l'un dans l'autre , ainfi que
nous l'avons expliqué (P. 17. 3.)
& qui doit être d'autant plus confiderable , que la figure du grand
tourbillon fera plus éloignée de
la fphérique ; il a dû arriver que
plufieurs petites parties de cette
matiere fe foient détachées de
celles qui compofent les petits
tourbillons, & que ces parties ne
fuivant plus que des mouvemens
irréguliers qui n'ont pû long-
tems s'y conferver, elles fe foient
à la fin arrêtées les unes auprès
des autres, & ayent compofé des

molecules qui, n'ayant plus la forme de petits tourbillons, feront de cela seul (Pr. 1 5. 4.) devenuës pefantes.

2°. Que ces molecules pefantes tendant auffi tôt à fe mouvoir vers le centre, fe foient peu à peu dégagées d'entre les petits tourbillons, au moyen de ce même faffement & refaffement intime, & foient en effet tombées au centre, où n'ayant plus le mouvement circulaire qu'elles avoient lorfqu'elles étoient en petits tourbillons, y auront formé des corps rares & fpongieux; en un mot ce que l'on nomme des taches dans le Soleil.

3°. Que dès le commencement des chofes quelques-uns de ces grands tourbillons, à caufe de leur fituation defavantageufe parmi les autres tourbillons, & de leur forme irreguliere & beaucoup éloignée de la fphérique,

ce qui rend le faffement & refaffement de fes moindres parties
d'autant plus confiderable, cette
matiere pefante s'y foit formée
avec une telle abondance qu'au
lieu de ne compofer auprès du
centre que des taches paffageres,
fans beaucoup de confiftance &
éparfes çà & là , telles qu'on les
obferve fouvent fur le difque du
Soleil ; ces taches y ayent enfin
compofé une croûte liée & permanente qui ait environné tout
l'aftre , & interrompu en partie
la communication parfaite qu'il
doit y avoir (Pr. 12. 3.) du grand
tourbillon aux petits dont il eft
compofé , & des petits au grand ;
ce qui aura produit une grande
alteration dans le mouvement
total du tourbillon , & donné occafion aux tourbillons environnans de le miner peu à peu , &
à quelqu'un de ces tourbillons
plus fortunés de l'enveloper en-

tierement, de le contraindre à circuler autour de son centre, & de le réduire enfin à n'être plus qu'un tourbillon subalterne, portant à son centre une planete, ou un globe pesant, dont les parties ne se mouvront plus les unes à l'égard des autres ; mais toutes en masse autour du centre de leur tourbillon, ainsi que Descartes l'a décrit, & que nous l'expliquerons plus distinctement dans la suite.

4°. D'où il suit que vers le centre de ces grands tourbillons il y aura de deux genres de matiere à considerer, l'une pesante, dont les parties étant liées les unes aux autres, ne seront point en petits tourbillons, & l'autre sans pesanteur dont les parties auront conservé la forme de petits tourbillons. Donc, &c. C. Q. F. D.

REMARQUE.

Ce n'eſt pas ici le lieu d'entrer dans le détail des avantures de ces tourbillons ſubalternes, il faut auparavant les bien conſiderer en eux-mêmes. Car on ne peut connoître un tout, tel qu'eſt le ſiſtême général du Ciel, à moins qu'on n'en ait exàminé avant toutes choſes les parties principales qui le compoſent.

Au reſte il ne ſera peut - être pas inutile d'avertir que nous ne parlons ici de l'Univers que com- me d'un effet dépendant des loix des mécaniques, & non comme d'un effet procédant immédiate- ment de la volonté toute puiſ- ſante du Créateur, qui l'a pû former tout d'un coup ſans le faire paſſer par tous les milieux que ces loix auroient pû reque- rir, comme il a formé Adam ſans le faire paſſer par la voye de la

génération , par laquelle ont
passé tous les autres hommes.

PROPOSITION IV.

Ce qui est arrivé aux grands tour-
billons des Planetes a dû se pro-
duire en même tems dans la plû-
part des petits tourbillons dont
ces grands tourbillons font compo-
sés ; c'est-à-dire, que de petits glo-
bes pesans ont dû en même tems
se former à leurs centres par les
mêmes voyes.

Descartes qui vouloit , que la
dureté & la consistance des figures des corps , ne procedât
que du simple repos de leurs
parties , ne se mit pas beaucoup
en peine de rechercher distinctement les causes mécaniques qui
pouvoient procurer aux parties
de la matiere qu'il consideroit ,
les figures qu'il jugeoit à propos
de leur attribuer , pour parvenir
plus

plus aifément à l'explication des effets qui étoient l'objet de fes re-cherches. Mais nous qui n'ofons pas fi facilement multiplier les principes fans néceffité, & qui par conféquent regardons la du-reté comme un effet qui procede du mouvement, nous fommes obligés d'être plus attentifs aux conféquences des principes mé-caniques que nous venons d'é-tablir, pour ne pas nous expo-fer à faire à tout moment des fup-pofitions nouvelles ; & à avoir recours fur la feule infpection d'un effet, à des figures bizarres aufquelles nous ne pourrions jamais attribuer une origine cer-taine, ni les déduire diftincte-ment d'aucun mouvement déja connu , d'aucune difpofition conftante de la matiere.

C'eft pourquoi nous remar-querons d'abord qu'il n'a pû fe faire que durant le dérangement universel arrivé dans les grands tourbillons, dont nous venons de parler, les mêmes accidens qui leur font arrivez ne foient en même tems furvenus à la plûpart des petits tourbillons dont ils font formés ; puifque ces petits tourbillons font en tout femblables au grand tourbillon qui les contient ; qu'ils font chacun compofés comme lui d'autres petits tourbillons, & que les mêmes loix qui s'obfervent dans le grand, s'obfervent dans les petits. Qu'il y a (Pr. 3. 12.) une communication fi intime de l'un aux autres, qu'il ne peut fe faire que les petits ne prennent la figure & toutes les autres affections du grand. Qu'en un mot le mouvement ne peut diminuer, ou recevoir quelque déchet à l'égard de l'un, qu'à proportion il n'en arrive autant à l'égard des autres.

S'il eſt donc conſtant qu'au centre d'un grand tourbillon quï eſt devenu ſubalterne, il s'y eſt formé un globe peſant ; c'eſt une néceſſité qu'en même tems de petits globes peſans ſe ſoient pareillement formés aux centres de la plûpart des petits tourbillons dont il eſt compoſé.

On pourra même s'il eſt néceſſaire pouſſer plus loin cette conſéquence , & dire que non-ſeulement il s'eſt formé de globules peſans aux centres de la plûpart des petits tourbillons du premier ordre , qui compoſent le grand tourbillon de la planete , mais qu'il s'en eſt auſſi formé d'incomparablement plus petits aux centres de quelques-uns des petits tourbillons du ſecond ordre , qui compoſent les petits tourbillons du premier ordre , & ainſi de ſuite. Donc, &c. C. Q. F. D.

C ij

REMARQUE.

On a souvent dit que la nature se cache, mais l'experience nous a appris qu'elle se manifestoit quelquefois. Pour moi je pense qu'elle s'est dévoilée dans le sistème général des Planetes, qui n'est qu'un tourbillon développé, mieux que par-tout ailleurs ; & qu'il n'y a qu'à réduire en petit ce que nous y voyons en grand, pour pénétrer dans ses misteres les plus profonds. C'est pourquoi je n'hesiterai pas de faire remarquer ici, en attendant que je puisse m'expliquer plus distinctement, que parmi les petits tourbillons chargés de globules pesans, il pourra y en avoir de simples, tels que sont ceux de Mars *M*, (fig. 24.) de Venus *V*, de Mercure *N*, qui n'auront qu'un seul globule à leurs centres, & de composés tels que ceux de Jupiter *I*, ou de Saturne *K*, excepté qu'au lieu qu'il n'y a que 4 ou 5 Planetes subalternes qui circulent dans les tourbillons de ces astres, il y aura un si grand nombre de globules subalternes, entourés chacun d'un petit tourbillon, qui circuleront dans les premiers, qu'ils en seront tous remplis d'un pole à l'autre.

Ce que j'avance ici pourra peut-être d'abord paroître étrange, à cause de la haute idée que l'on se forme naturellement du sistême du Monde, & de tout ce qui a rapport au Ciel. Si cependant l'on considere qu'au fond il ne s'agit que de quelques mouvemens circulaires de plusieurs petits corps autour de divers centres, & que ces mouvemens pour avoir rapport à ceux qui conviennent aux Astres, ne laissent pas pour cela d'être les plus simples que l'on puisse imaginer, &

même les feuls que l'on puiffe
attribuer aux parties de la matiere , dans lefquelles on remarque un mouvement conftant ;
on tombera facilement d'accord
que ce mécanifme fimple & parfaitement intelligible , qui n'eft
pas une fuppofition purement
gratuite , comme font toutes
celles dont on a fait ufage jufqu'à préfent , mais une fuite très-
conféquente de la plus fimple
difpofition que la matiere ait pû
d'abord recevoir , eft le moyen
principal que la nature employe
dans fes opérations. Sur tout s'il
y a lieu de croire , comme nous
allons entreprendre de le montrer dans le détail , qu'il n'y ait
pas d'autres fuppofitions à faire,
pour déduire des loix des Mécaniques tous les effets de la nature , tout ce que la Chimie nous
propofe de plus furprenant , &
que toutes les autres fuppofitions

qu'on a faites font non feulement beaucoup plus compofées , & fe multiplient à l'infini : mais qu'elles renferment même des impof-fibilités & des contradictions palpables.

Car comme il ne faut pas multiplier les principes fans néceffité, rien ne peut être plus à défirer que la détermination d'un mécanifme qui nous donne également l'intelligence des phénomenes du Ciel, & celle des effets les plus compliqués que nous obfervonsfur la Terre.

Au moins j'efpere qu'on ne trouvera pas mauvais qu'au lieu de remplir le monde de je ne fçai combien de figures bizarres, à qui on ne donne aucune origine certaine, nous les réduifions toutes à la figure fphérique ; car il eft toujours bon d'aller au rabais des fuppofitions ; Et que nous fubftituions par tout le mouvement circulaire, dont nous avons si diftinctement déterminé les proprietés dans les Leçons précédentes, & qui produit ces fphéres d'une façon fi fimple ; à la place de tous ces mouvemens confus dont on a fait ufage jufqu'à préfent, & par le moyen defquels on ne nous a pû donner que des notions très-fuperficielles des effets que l'on a entrepris de nous expliquer mécaniquement, ainfi que nous le verrons dans la fuite.

PROPOSITION V.

Les petits tourbillons qui auront un globule à leur centre feront pefans, & tendront tous à fe mouvoir de la fuperficie au centre du grand tourbillon qui les contient.

Nous venons de voir comment les petits tourbillons qui forment le grand tourbillon d'une Planete , de la Terre par exemple , lequel s'étend bien au-delà de l'orbe de la Lune , & dont le diamétre eſt peut-être cent fois plus grand que celui de la Terre , ces petits tourbillons ont pû & ont même dû , pour la plûpart, ſe charger chacun d'un globule , dont les parties qui le compoſent ayant perdu la for-me de petits tourbillons ſont de-venuës peſantes.

Mais on pourroit peut-être penſer que ces petites parties ne ſont devenuës peſantes qu'à l'égard du centre du petit tour-billon à l'entour duquel elles ſe ſont ramaſſées ; & que les petits globes qu'elles ont pû former ne doivent pas pour cela tendre vers le centre de la Terre.

Cependant ſi l'on conſidere que ſi ces globes étoient hors de leurs petits tourbillons , & qu'ils nageaſſent à nud dans l'éther ,

fans que leurs parties fe féparaf-
fent les unes des autres, on verra
(Pr. 15. 4.) que ces petits globes feroient pouſſés au centre du
grand tourbillon de la Planete.

Or l'experience apprend qu'-
un gobelet plein d'eau étant mis
dans un des baſſins d'une balance,
& un poids dans l'autre qui faſſe
équilibre avec le gobelet, fi l'on
tient à la main une boule de
plomb fufpenduë à un filet, &
qu'on vienne à la plonger dans
l'eau du gobelet, le gobelet tré-
buche ; parce que l'eau qu'il contient, s'étant chargéc de la partie du poids du mobile, que la
main ne foutient plus, doit être
devenuë plus pefante. Il en doit
donc être de même de nos petits
tourbillons chargés chacun d'un
petit globe pefant ; ils doivent
être devenus pefans ; & doivent
par conféquent tendre à s'approcher du centre du grand tour-

billon de la Terre. C. Q. F. D.

PROPOSITION VI.

*Les petits tourbillons compofés d'au-
tres tourbillons encore plus petits
qui ont chacun un globule pefant
à leurs centres, faifant équilibre
avec des tourbillons ordinaires,
feront néceffairement plus grands
que ces tourbillons ordinaires.*

Car les molecules qui compofent un de ces petits tourbillons,
& qui circulent autour de fon
centre étant pefantes, elles auront, à viteffe égale, plus de force que n'en auront les molecules
des autres petits tourbillons qui
ne font pas entourés de ce cor-
tege nombreux de globules pefans. Par la même raifon qu'une
bale de plomb & une bale de
liége de même groffeur, étant
pouffées dans l'air avec une viteffe égale, celle de plomb qui

eſt la plus peſante va beaucoup plus loin , & a par conſéquent plus de force que celle de liége.

D'où il ſuit que quoiqu'un petit tourbillon compoſé de globules peſans ſoit ſuppoſé plus grand que ceux qui l'environnent, & qui ne ſont pas compoſés de pareils globules: que par conſéquent ſes points, à viteſſe égale, employent plus de tems à faire leurs révolutions, ce qui iroit à diminuer leurs forces centrifuges ; cependant comme ces globules peſans contiennent en eux-mêmes plus de force ou une plus grande quantité de mouvement ſous une égale viteſſe, il eſt évident que la lenteur de leurs circulations pourra être compenſée par cette plus grande force. De ſorte qu'il paroît enfin que ſi ce tourbillon compoſé de globules peſans , étoit égal aux autres, il auroit plus de force

centrifuge, que chacun d'eux, &
s'agrandiroit à leurs dépens. Ce
tourbillon fera donc toujours au
moment de l'équilibre plus grand
que chacun des autres. C. Q. F.

PROPOSITION VII.

*Les globules formés dans les petits
tourbillons doivent être considerés
comme de petits corps durs.*

Un corps, comme le diamant
par exemple, n'eſt appellé *dur*
que parce que ſes parties apportent de la réſiſtance au mouvement qui tend à les ſéparer les
unes des autres. Or cette force
ne peut proceder du ſimple repos, ainſi que Deſcartes l'avoit
penſé ; car le repos, comme maintenant tout le monde en convient, n'eſt que le terme du
mouvement, n'eſt au mouvement que ce que le point eſt à
la ligne.

Suppofé qu'un corps en mouvement perde continuellement de fa viteffe, ce corps parviendra à la fin au repos après avoir paffé par le moindre degré de viteffe, comme cela arrive à un mobile pefant qui s'éleve vertica'ement dans l'air. D'où il fuit qu'au moment que ce mobile recevra le dernier degré de viteffe qu'il a perdu en arrivant au repos, & qui ne peut être qu'infiniment petit, le mobile aura auffi tôt le même mouvement qu'il avoit l'inftant avant que d'être arrivé au repos.

On voit donc clairement que pour tirer un corps du repos, ou pour féparer une de fes parties des autres, s'il n'y a que le repos qui la retienne, il ne faut qu'une quantité infiniment petite de force mouvante, qu'un choc le plus leger.

Mais le repos ne peut-il pas

avoir par lui-même une force
capable de réfister au mouvement? Defcartes le prétendoit,
il vouloit qu'un corps, quelque
grande que fût la vitefse avec laquelle il choquât un autre corps
beaucoup plus grand que lui, ne
pût l'ébranler ; il penfoit que le
grand reftoit en repos, & que le
petit retournoit en arriere après
le choc, avec toute la vitefse qu'il
avoit avant le choc. Mais outre
que c'étoit là multiplier les principes, introduire dans l'univers
deux efpeces de forces indépendantes l'une de l'autre, & attribuer l'effet du refsort à une caufe
arbitraire ; l'experience eft fi
contraire à l'opinion de Defcartes, qu'il n'y a maintenant aucun
Philofophe de réputation qui n'en
foit defabufé. Cette experience
nous montre fans équivoque
que le plus petit corps qui en
frappe un autre quelque grand

qu'il ſoit, l'ébranle & lui communique tout le mouvement qui
lui eſt néceſſaire pour qu'ils ail-
lent enſemble après le choc avec
une égale viteſſe ; d'autant plus
petite par rapport à celle que le
choquant avoit avant le choc,
que la maſſe des deux mobiles
eſt plus grande que celle du petit corps. Et que s'il arrive que
le petit corps recule, cela ne
vient que du reſſort qui eſt un
phénomene très-compoſé, lequel bien loin de laiſſer le corps
choqué en repos, le pouſſe encore avec plus de force, ainſi
que nous l'expliquerons dans la
ſuite.

Mais le contact immédiat ne
peut-il pas produire cette force,
cette tenacité, que nous éprouvons dans les parties des corps
durs, lorſque nous nous effor-
çons de les ſéparer les unes des
autres? L'experience n'apprend-
elle

elle pas que deux marbres polis appliqués exactement l'un sur l'autre, s'attachent si fortement l'un à l'autre, qu'on ne peut que très-difficilement les desunir? J'en conviens; mais l'experience nous montre en même tems que l'on peut très-aifément faire glisser ces marbres l'un sur l'autre ; par où elle nous indique que la forte adherence de ces deux corps en un sens , & non en l'autre, ne procede pas uniquement du contact immédiat des parties de ces deux corps , lequel produiroit son effet en tous sens s'il étoit la cause efficiente de cette adherence.

I. L'expérience apprend que si l'on pompe l'air renfermé dans un globe creux partagé en deux hemispheres exactement appliqués l'un contre l'autre par leurs bords , on ne peut les séparer l'un de l'autre qu'en y employant

D

une très-grande force, & telle qu'elle surpasse celle de huit ou dix chevaux, l'épreuve en a été faite ; au lieu que lorsqu'on laisse entrer l'air dans la capacité du globe les deux hemispheres se séparent d'eux-mêmes.

Il est donc évident que la résistance qu'apportent à se séparer l'un de l'autre les deux hemispheres du globe, lorsqu'il est vuide d'air grossier, ne vient que de ce que l'air exterieur les comprime par son élasticité. Et n'en peut-il pas être de même des deux marbres, lorsqu'en les faisant glisser l'un sur l'autre, on a chassé tout l'air grossier d'entre leurs deux superficies ? Et si l'on éprouve que les deux marbres demeurent encore attachés l'un à l'autre dans la machine du vuide avec autant de force qu'auparavant, après qu'on en a pompé l'air le plus exactement qu'il

est possible, ne peut-on pas penser que si ce n'est pas l'air grossier qui les retient, c'est un fluide
subtil encore plus élastique, qui
en comprimant ces marbres,
produit cette adherence ? Ne
vaut-il pas mieux avoir recours
à une cause purement mécanique que l'on connoît déja, qu'à
une cause métaphisique, à un je
ne sçai quoi, à une forme abstrai-
te, à une vertu d'adhésion, à un
mot vuide de sens, qui fait beaucoup de bruit, & qui n'explique
rien ? Il est donc enfin évident
que la dureté que nous éprouvons dans les corps sensibles,
& par laquelle ils conservent
leurs figures, ne peut proceder
du simple repos, ni du seul contact de leurs parties.

I I. Si l'on préparoit un grand
nombre de petites lames de mar-
bre très-minces, quarrées & très-
polies, & qu'on les fît glisser

l'une fur l'autre, on en pourroit compofer un cube ou un parallelepipede, dont les parties réfisteroient à leur féparation, lorfqu'on agiroit fur elles dans la direction de la perpendiculaire aux fuperficies de ces lames : mais on les fépareroit aifément en agiffant fur elles dans toute autre direction , qui tendroit à les faire gliffer l'une fur l'autre. Ainfi ce corps feroit, pour ainfi dire , dur en un fens ; mais en tout autre fens fa dureté feroit nulle.

Cependant fi l'on poliffoit chacune des quatre faces du contour de ce cube où feroient les jointures de ces premieres lames , & que l'on continuât à faire gliffer d'autres lames fur chacune de ces faces , & ainfi de fuite alternativement ; on pourroit enfin parvenir à avoir un corps dur en tous fens , & d'autant plus dur, que la force élaftique fe-

roit plus grande. On pourroit
même confiderer encore chacune de ces lames comme compofée d'autres petites lames appliquées de la même façon les
unes fur les autres, & ainfi de
fuite.

Mais il eft toujours évident
que la dureté que ce corps auroit
acquife par ce moyen, ne feroit
à le bien prendre, qu'une dureté
feconde ; car elle fuppoferoit
toujours la dureté des lames,
elle fuppoferoit la dureté dans
les parties ; ce qui ne fuffit pas
pour dire qu'on a entierement
expliqué par ce moyen le phénomene de la dureté ; puifqu'on
fuppoferoit toujours la dureté
que l'on cherche. Ce n'eft donc
qu'en partie que la dureté ou la
confiftance des corps fenfibles
peut proceder de l'élafticité du
fluide environnant qui les comprime.

III. Si l'on conçoit que la compreſſion de l'air peut être capable d'attacher fortement l'un à à l'autre deux marbres polis, & les deux hemiſpheres d'un globe creux dont on a pompé l'air ; & que l'on conſidere que les parties de la Terre ſont pouſſées au centre de ſon tourbillon par le fluide environnant , qui tend à s'en écarter de toute part, à cauſe de l'élaſticité de ſes parties, que celles de la Terre, qui ont perdu la forme de petits tourbillons, ne peuvent balancer ; on pénétrera aiſément la raiſon pourquoi ces mêmes parties de la Terre compoſent un corps dur : un corps dans lequel on doit éprouver de la difficulté lorſqu'il s'agit d'en ſéparer les parties ſelon la direction du centre à la ſuperficie.

A plus forte raiſon comprendra-t'on que les globules ren-

fermés dans nos petits tourbillons, feront des corps extrêmement durs, si l'on confidere que
l'effort que font les parties du
tourbillon de la Terre pour comprimer au centre les parties dont
elle est formée, n'est que comme
un infiniment petit, par rapport
à celui que font les points des
petits tourbillons pour comprimer les parties du petit globe
qu'ils ont à leurs centres. Car
ces efforts font entr'eux en
raifon inverfe des quarrés du
rayon de la Terre & du rayon
du petit globe.

C'est-à dire, que l'effort du
petit tourbillon employé à comprimer les parties du petit globe
qu'il contient, est d'autant plus
grand que celui du tourbillon de
la Terre employé à retenir fes
parties autour de fon centre, que
le nombre des grains du fable le
plus fin qu'il faudroit employer

pour couvrir toute la superficie
de la Terre le feroit par rapport
à un.

De sorte que si l'on suppose
que pour couvrir la superficie
d'une ligne en quarré, il faille par
exemple 10. grains de ce sable, on
trouvera que la force dont nous
parlons sera au moins 100000000
000000000, ou cent millions de
milliards de fois plus grande
que n'est celle de la pesanteur.
Les globules contenus dans ces
petits tourbill. tant qu'ils en seront enveloppés, & dont chacun
balance la force centrifuge de
toutes les parties de la matiere
dont l'Univers est formé, doivent donc être considerés comme de petits corps extrémement
durs. C. Q. F. D.

REMARQUE.

La dureté premiere étoit un
de ces effets dont on n'avoit pas
encore

encore pû pénétrer la cauſe.
Deſcartes, comme nous l'avons
ſouvent dit, l'attribuoit au repos
& au ſimple contact immédiat
des parties, mais quoique ces
conditions ſoient peut-être né-
ceſſaires à la production de cet
effet, il ne paroît pas néanmoins
qu'elles en conſtituent l'eſſence;
puiſque l'experience nous apprend qu'un petit corps qui en
choque un grand l'ébranle, ce
que Deſcartes ne vouloit pas
pour avoir lieu de ſoutenir ſa
prétention.

On comprenoit bien que de
petits corps durs étant comprimés par un fluide environnant
pouvoient former un tout dur
comme nous l'avons expliqué;
mais c'étoit là ſuppoſer la dureté dans les parties, ce n'étoit expliquer que la dureté ſeconde;
on n'étoit pas parvenu encore à
la cauſe de la dureté premiere.

Nous venons de la découvrir dans le mouvement circulaire, ce qui est une preuve sensible que nous tenons le bon chemin.

Mais quoique les petits tourbillons nous fournissent évidemment la dureté premiere, la dureté d'un grand nombre de très-petits corps : ce n'est pas à dire pour cela qu'on ait aussi-tôt la dureté d'un corps sensible que l'on composeroit de ces parties. Si par exemple on mettoit un diamant en pieces, toutes les petites parties dans lesquelles on l'auroit réduit, seroient dures ; on sent néanmoins la difficulté qu'il y auroit de redonner à ces parties la forme que le diamant avoit avant sa division, & la dureté qui lui convient. Il faudra donc voir dans la suite comment, selon les loix des Mécaniques que nous aurons soin de suivre fidelement pas à pas,

la dureté de ces petits corps formés dans ces petits tourbillons &
combinés entr'eux , sans qu'ils
cessent d'être environnés de
leurs tourbillons qui est ce qui
leur procure leur dureté, peut
être le principe de la dureté des
corps sensibles.

PROPOSITION VIII.

Les globules compris dans les petits
tourbillons , ne doivent pas être
tous égaux , ni également durs ,
ni également denses ; au contraire
il doit y avoir sur tous ces points
une grande variété.

Car (Pr. 7.) la grosseur & la
dureté de ces petits corps dépendant de la grandeur & du degré
de force centrifuge de leurs
tourbillons, & ce degré de force
dépendant à son tour de la distance au centre commun , & de
la vitesse avec laquelle circulent

les points qui les compofent, &
(Pr. 11.2.) cette viteffe ayant été
d'autant moindre au moment
que ces petits globes fe font formés, que les petits tourbillons
qui les contiennent étoient plus
diftans du centre de la Terre, il
eft clair que leur groffeur fera
d'autant plus grande, & leur dureté d'autant moindre qu'ils fe
feront formés plus loin de ce
centre.

Or nos petits tourbillons étant
(Pr. 4. 5.) des tourbillons compofés d'autres tourbillons encore
plus petits, &c. On doit concevoir, dans chacun de ces petits
tourbillons, ce que l'on conçoit
dans le grand tourbillon de la
Terre; c'eft-à-dire, un éther
proportionné à leur grandeur,
qui occupe les pores des petits
globes pefans qu'ils contiennent.

D'où il fuit que les parties pefantes du petit globe, qui con-

tient chacun de ces petits tourbillons, peuvent être plus ou
moins comprimées, & par conféquent plus ou moins voifines
les unes des autres.

Or (Pr. 9. 5.) C'eft là précifément en quoi confifte la plus
grande ou la moindre denfité
des corps. Ces globules ont donc
dû être d'autant plus petits, plus
durs, plus denfes, qu'ils ont été
formés plus près du centre du
grand tourbillon. Donc, &c.
C. Q. F. D.

PROPOSITION IX.

*Les petits tourbillons du troifiéme
élément qui rempliffent l'atmofphere d'une Planete , font des
tourbillons compofés de petits tourbillons du fecond élément.*

Pour nous conformer autant
qu'il eft poffible aux expreffions
de Defcartes , & profiter par ce

moyen des lumieres qu'il a répanduës dans la Phisique, nous
avons nommé *Tourbillons du se-*
cond élément, ceux que nous
avons substitués avec le P. Malebranche aux globules durs du
second élément de Descartes ;
Tourbillons du premier élément, ceux
dont nous avons conçu que les
tourbillons du second élément
devoient être formés. Et nous
nommons ici *Tourbillons du troi-*
siéme élément, ceux dont nous
avons parlé, & que nous allons
démontrer devoir être formés de
tourbillons du second élément.

Les petits tourbillons au centre
desquels il s'est formé de petits
globes, n'ayant d'abord été que
des tourbillons du second élément, il s'enfuit que ceux qui se
sont formés auprès du centre de
la Planete, où (Pr. 16. 3.) les tourbill. du second élément étoient
les plus petits, ont aussi dû être

(Pr. 8.) les plus denſes, & par conféquent les plus peſans. D'où il ſuit que les tourbillons au centre deſquels il s'eſt formé de petits globes, & qui étoient au voiſinage du centre de la Planete, ont dû s'en approcher de plus près que les autres, & entrer par conféquent dans la compoſition de ſon globe. Et que ceux qui rempliſſent ſon atmoſphere ont dû s'être formés fort loin du centre où (Pr. 16. 3.) les petits tourbillons du ſecond élément ſont grands, par rapport à ceux qui ſont voiſins de la ſuperficie du globe. De ſorte que ces petits tourbillons étant deſcendus d'un lieu très élevé, ſeront en comparaiſon des petits tourbillons du ſecond élément ſitués près de la ſuperficie du globe de la Planete, ce que les tourbillons d'un premier ordre ſont à l'égard des tourbillons d'un ſecond ordre.

E iiij

D'où il suit enfin que les petits tourbillons du second ordre qui composent les tourbillons dans lesquels ces petits globes pesans se sont formés très-loin du centre de la Planete, pourront bien être considerés comme étant égaux aux tourbillons du second élément voisins de la superficie de la Planete vers où ces tourbillons sont descendus. Il est donc évident que les tourbillons du troisiéme élément, qui remplissent l'atmosphere d'une Planete, seront des petits tourbillons du second élément. C. Q. F. D.

REMARQUE.

Nous apporterons dans la suite des raisons encore plus fortes de la structure que nous donnons ici aux tourbillons du troisiéme élément, lorsque nous démontrerons que l'amas de ces tourbillons ne differe pas de l'air que nous respirons.

PROPOSITION X.

Les trois élémens que nous venons de considerer peuvent former dans un même espace trois milieux differens qui rempliront chacun le même espace, sans s'exclurre l'un l'autre, sans se confondre, ni se nuire dans aucune de leurs fonctions. Et dont l'élasticité du premier sera incomparablement plus forte que celle du second ; & l'élasticité du second plus forte que celle du troisiéme.

Pour se former une image sensible de ce que nous venons d'avancer dans cette Proposition, représentons - nous un grand bassin plein d'eau, dans lequel nous ayons excité tout d'un coup avec plusieurs bâtons un grand nombre de petits tourbillons d'eau; supposons que ces tourbillons une fois formés ne ceſſent de circuler, ce qui arriveroit ſi ces tourbillons étoient ſphériques, & que tout l'Univers en fût rempli, ces tourbillons d'eau en ſe balançans mutuellement conſerveroient entr'eux un parfait équilibre, comme nous le voyons arriver à l'égard des grands tourbillons du Soleil & des Etoiles fixes· Penſons enſuite que les moindres parties de l'eau ſont elles-mêmes chacune un petit tourbillon. Les tourbillons d'eau excités avec le bout du bâton repréſenteront les tourbillons du troiſiéme élément qui ont chacun un petit globe peſant à leurs centres; & les petits tourbillons inſenſibles de l'eau nous repréſenteront les petits tourbill. du ſecond élément qui environnent ces globules.

Si avant que d'avoir excité avec le bâton les tourbillons

fenfibles d'eau , on avoit plongé
dans le baffin un corps compreffible, dont les pores ne fuffent
remplis que d'une matiere très-
fubtile laquelle ne trouvât aucun obftacle à en fortir ; & que
ces pores fuffent fi petits que les
molecules de l'eau ne puffent y
entrer ; on voit fans peine que
ces molecules étant fuppofées
être de petits teurbillons , ces
tourbillons par leur élafticité
comprimeroient le corps avec
une certaine force ; fuppofons
maintenant qu'on ait excité dans
l'eau les tourbill. fenfibles dont
nous venons de parler ,il eft clair
que l'élafticité de ces nouveaux
tourbillons ne détruira en aucune forte l'effet des précédens,
au contraire elle augmentera de
quelque degré la compreffion
du mobile.

Or comme on peut fuppofer
que l'élafticité d'un des petits

tourbillons est à l'élasticité d'un
des grands, comme le quarré du
diamétre du grand est au quarré
du diamétre du petit : & que le
diamétre du grand est au diamétre du petit comme 100. est
à 1. on verra que leurs forces
élastiques seront comme 10000.
est à 1. Et le nombre des petits
tourbillons contenus dans un
certain volume étant au nombre
des grands contenus dans un pareil volume, comme le cube de
100. est au cube d'un, ou comme
1000000. est à un ; il est encore
évident que la force avec laquelle les petits tourbillons comprimeront le mobile, sera à celle
avec laquelle les grands le comprimeront aussi, comme 10000.
fois 1000000. ou comme dix
mille millions est à un.

D'où il suit que la force
élastique comprimante du milieu
formé par les petits tourbillons,

sera incomparablement plus grande que celle du milieu formé par les grands. Que les tourbillons insensibles de l'eau n'auront pû être d'aucun obstacle à la formation des tourbillons sensibles ; & que l'élasticité de ces derniers sera d'un ordre different de l'élasticité des premiers. Que les tourbillons sensibles se balanceront mutuellement les uns les autres ; que les petits d'entr'eux s'agrandiront aux dépens des grands, & qu'ils formeront tous ensemble un milieu élastique qui remplira tout le bassin, sans que les molécules de l'eau qu'ils entraîneront diversement y mettent aucun obstacle, quoique ces molécules soient suppofées être elles-mêmes chacune un petit tourbillon. Que ces tourbillons insensibles se balanceront aussi mutuellement, & composeront un autre milieu élaftique qui remplira pareillement tout le baffin ; & dont l'élafticité fera d'autant plus grande que celle du milieu précédent, que les tourbillons infenfibles de l'eau font plus petits que les tourbillons fenfibles d'eau excitez avec le bout du bâton. Qu'enfin les forces de ces deux ordres de tourbillons fubfifteront dans le même milieu, & y exerceront leurs fonctions fans fe nuire ni fe confondre.

Il en fera de même des milieux que formeront dans l'atmofphere les tourbillons du premier, du fecond, & du troifiéme élément ; l'élafticité de l'un fera incomparablement plus grande que celle de l'autre ; parce que la force centrifuge de chacun des petits tourbillons du premier fera incomparablement plus grande que celle des tourbillons du fecond, & celle-ci que celles des tourbillons du troisiéme.

Le premier élément fera un compofé de très-petits tourbil-lons, qui fe balançant mutuelle-ment, formeront un milieu très-èlaftique & très-fubtil, qui rem-plira tout l'Univers.

Le fecond élément fera un compofé de petits tourbillons formés des précédens, & qui par conféquent feront incompara-blement plus grands, & forme-ront dans le même efpace un fe-cond milieu dont l'élafticité fera beaucoup moindre, & qui ne s'étendra pas moins par tout où s'étend le premier.

Le troifiéme élément enfin fera de même un compofé de pe-tits tourbillons formés des précé-dens, qui par conféquent feront encore incomparablement plus grands que les précédens, & qui formeront dans le même efpace un troifiéme milieu, dont l'élafticité fera beaucoup moindre : mais qui ne s'étendra pas moins dans cet efpace par tout où s'y étend le fecond & le premier élément, de telle forte qu'il n'y aura pas un feul point fenfible dans l'atmofphere, que ces trois élémens ne puiffent remplir parfaitement, & en même tems, fans s'exclurre l'un l'autre, fans s'y confondre ni s'y nuire dans aucune de leurs fonctions.

Et l'on verra dans la fuite que c'eft principalement des équilibres que les parties de ces trois milieux gardent refpectivement entr'elles, que dépendent les phénoménes les plus furprenans, & dont on n'a pas encore pû déterminer les raifons mécaniques, faute d'avoir diftinctement apperçu ces équilibres. Donc, &c. C. Q. F. D.

REMARQUE.

Defcartes, comme nous l'avons fouvent

souvent dit, après avoir distri-
bué la matiere en de très grands
tourbillons, en est demeuré là,
& n'a pas poussé plus loin sa pen-
sée. S'étant contenté de remplir
l'Univers de globules durs, sans
nous expliquer quelle pouvoit
être la cause mécanique de cette
dureté.

Le P. Malebranche voyant
que le simple repos n'en pouvoit
être la cause, a transformé les
globules durs de Descartes en
petits tourbillons, & n'est pas al-
lé plus loin. Car s'il a imaginé des
tourbillons plus petits les uns
que les autres, il les a toujours
considerés les uns hors des autres, ce qui ne donne presqu'encore rien.

Pour moi ayant d'abord démontré dans la Leçon II. qu'un
tourbillon, de quelque façon
qu'il soit situé parmi les autres,
pouvoit y subsister continuelle-

ment, & fe deffendre également de tout côté ; Et (P. 7. 3.) qu'un tourbillon étoit néceffairement élaftique, non pas en vertu d'une fimple fuppofition gratuite, mais en conféquence des loix les plus certaines & les plus évidentes des Mécaniques. Voyant d'ailleurs que nonobftant les difficultez que nous avons levées dans ces Leçons, on n'avoit pas ceffé de penfer que les Aftres fe mouvoient en vertu du tourbillon ; & qu'il n'étoit pas plus difficile de fuppofer que de petits tourbillons continuaffent à circuler conftamment avec la même viteffe que les grands tourbillons du Soleil , des Etoiles fixes , & des Planetes , dans lefquels nous ne nous appercevons d'aucune diminution de mouvement. Je n'ai pas fait difficulté , plutôt que d'avoir recours dans l'explication des phénomenes de

la nature à de nouveaux principes purement métaphisiques, de
subdiviser les petits tourbillons
du P. Malebranche en tourbillons encore plus petits , & ainsi
de suite : ne mettant d'autres
bornes à ces subdivisions que
celles que l'inutilité de les porter
plus loin le prescrit. Et de cette
idée simple qui n'est au fond
qu'une suite très-immédiate du
sistême Cartésien; & que le mouvement perpetuel , que nous
éprouvons dans les moindres
parties de la matiere, nous indique suffisamment ; j'en ai déja
déduit un grand nombre de
proprietez qui répondent parfaitement aux phénomenes les plus
généraux de la nature. De sorte
que j'espere que la suite de ces
Propositions fera voir qu'il ne
fera plus dorênavant nécessaire
de chercher ailleurs d'autres se-
cours , pour acquerir l'intelli-

gence des effets de la nature les plus détaillés ; & que la multitude des hipothefes de nos Phificiens ne nous a pû procurer.

PROPOSITION XI.

Les petits tourbillons du premier élément pourront quelquefois devenir des tourbillons du fecond, & ceux du fecond élément des tourbillons du troifiéme.

On voit d'abord que tant que les petits tourbillons du premier élément n'auront pas plus de force centrifuge l'un que l'autre, tout le milieu qu'ils compofent demeurera tranquile, & aucun ne pourra s'agrandir aux dépens des autres, il en fera de même de ceux du fecond élément, & de ceux du troifiéme ; ils conferveront tous entr'eux un parfait équilibre.

Mais fi par quelque caufe que

ce puiſſe être, les parties qui
forment quelqu'un des tourbillons du premier élément viennent à recevoir ſubitement un
nouveau degré de viteſſe, il eſt
évident que ce petit tourbillon
s'agrandira tout-à-coup, & pourra par conſéquent ceſſer de faire
équilibre avec les autres tourbillons du premier élément. D'où
il ſuit que n'étant plus renfermé
dans la barriere de cet équilibre
qui le contenoit, il s'étendra de
plus en plus juſqu'à ce qu'il ait
acquis la grandeur convenable
aux tourbillons du ſecond élément, étant viſible que tant qu'il
ſera plus petit que chacun des
tourbillons du ſecond élément,
il aura plus de force centrale centrifuge que ceux qui l'environnent, & s'agrandira par conſéquent à leurs dépens juſqu'à ce
que leur étant devenu égal, il
faſſe enfin équilibre avec eux.

Et il est évident qu'il en pourra être de même d'un petit tourbillon du second élément à l'égard des tourbillons du troisiéme.

Mais pour ce qui est d'un tourbillon du troisiéme élément, il est évident que si par quelque cause que ce puisse être il vient à s'agrandir de telle forte qu'il rompe l'équilibre avec ceux qui l'environnent, alors ce tourbillon ne trouvant plus d'obstacle qui puisse le retenir, s'agrandira toujours de plus en plus, entrainant par son mouvement circulaire les tourbillons mêmes du troisiéme élément, sans leur faire changer de nature ; comme un tourbillon excité dans un bassin plein d'eau avec le bout d'un bâton, entraîne les molécules de l'eau sans produire en elles aucun changement interieur. De telle sorte que ce tourbillon continuant fans ceſſe à s'agrandir de plus en plus, & ne trouvant plus d'autre milieu compoſé de tourbillons avec leſquels il puiſſe faire équilibre, & ſa force centrifuge diminuant toujours à meſure qu'il s'agrandit davantage, ce tourbillon ſe diſſipera à la fin, comme on voit que les tourbillons de l'eau excités avec le bout du bâton ſe diſſipent en peu de tems. Donc, &c. C. Q. F. D.

REMARQUE.

On verra dans la ſuite que ce principe mécanique eſt d'un uſage merveilleux pour expliquer les phénomenes les plus exquis de la Chimie. Ainſi il eſt à propos de remarquer avec ſoin que les petits tourbillons du ſecond élément ſont comme la ſemence des petits tourbillons du troiſiéme ; ceux du premier com-

me la semence de ceux du second ; & que ceux du premier
ont à leur tour pour élémens un
autre genre de tourbillons encore plus petits ; & ainsi de suite.
Car à la vûë des phénomenes
que l'on observe chaque jour,
on ne peut trop admettre des di-
visions & des subdivisions dans
la matiere , ni l'animer , pour
ainsi dire , par une trop grande
quantité de mouvement.

PROPOSITION XII.

*Les tourbillons du troisiéme élément
contenus dans l'atmosphere d'une
Planete seront d'autant plus petits qu'ils seront plus éloignés de sa
superficie ; Et il y aura enfin un
terme au haut de l'atmosphere où
les tourbillons du troisiéme élément
se confondront avec ceux du second, & feront équilibre avec eux.*

Car la Planete étant devenuë un
corps

corps dur, tous les points de fa
fuperficie circuleront autour de
fon axe, de telle forte qu'ils
acheveront leurs révolutions en
même tems. Mais les petits tourbillons de l'éther, ou du fecond
élément, qui touchent la fuperficie de la Planete & qui, étant
à une égale diftance du centre,
doivent avoir une égale viteffe,
& faire par conféquent un nombre de révolutions d'autant plus
grand qu'ils font plus voifins des
poles, étant retenus par cette
fuperficie ; ils feront contraints
de circuler fur divers centres, ou
plutôt d'augmenter les tourbillons du troifiéme élément, & de
les augmenter d'autant plus que
ces tourbillons du fecond élément auront plus de viteffe autour du centre commun de la
Planete.

Or (Pr. 11. 2.) les points d'un
tourbillon ayant d'autant moins

de vitesse qu'ils sont plus éloignés du centre, il est évident que les tourbillons du troisiéme élément seront d'autant moins augmentés par les tourbillons du second élément qu'ils seront plus éloignés du centre de la Planete.

Les tourbillons du troisiéme élément iront donc toujours en diminuant à mesure qu'ils s'éloigneront de la superficie de la Planete. Et comme (Pr. 16. 3.) les tourbillons du second élément vont au contraire en augmentant vers le même lieu ; il est évident qu'il y aura enfin un terme au haut de l'atmosphere, où les tourbillons du troisiéme élément, qui vont en diminuant, seront égaux aux tourbillons du second élément, qui vont en augmentant, & où les tourbillons du second & du troisiéme élément se confondront & feront équilibre, C. Q. F. D.

REMARQUE.

Si les petits tourbillons du troisiéme élément étoient toujours allés en augmentant vers la superficie du tourbillon de la Planete, & que le mouvement égal de tous les points de la superficie de la Planete n'eût pas produit un changement & une modification à la loi générale de la circulation, comme ces tourbillons font des tourbillons composés de petits tourbillons de l'éther ou du second élément, il est évident que les tourbillons du troisiéme élément étant parlà d'un genre différent de ceux dont nous avons supposé jusqu'à présent que l'Univers étoit rempli, ces tourbillons tendant sans cesse à s'agrandir, & ne trouvant rien qui fût capable de les retenir, se seroient dissipés en peu de tems. Mais ces tourbillons devant aller toujours en diminuant, comme nous venons de le démontrer, & (Pr. 16. 3.) les tourbillons du second élément allant au contraire toujours en augmentant ; on voit enfin qu'il doit y avoir un terme dans le tourbillon de la Planete où ces tourbillons du troisiéme élément feront équilibre avec ceux du second, lesquels font équilibre avec ceux dont tout l'Univers est rempli.

On dira peut-être que les petits tourbill. voisins de la superficie de la Planete étant supposés plus grands que ceux qui en font plus éloignés, auront moins de force centrifuge ; d'où l'on conclurra que les superieurs s'agrandiront à leurs dépens, & les réduiront à l'égalité.

Mais je répons que quoique les points des tourbill. inferieurs du troisiéme élément, puissent em-

ployer plus de tems à faire leurs
révolutions que ceux des superieurs, à cause que nous les éta-
blissons plus grands ; ce n'est pas
à dire pour cela que leurs points
ayent moins de force à s'écarter
du centre que les points des superieurs, dont la circulation s'acheve
en moins de tems. Car plus
les petits tourbillons du troisiéme élément sont voisins de la superficie de la Planete, plus ils sont
chargés de molécules pesantes ;
lesquelles, à vitesse égale, ont
d'autant plus de force à continuer leur mouvement, que leur
pesanteur est plus grande : comme il arrive à une bale de plomb
qui conserve beaucoup plus long
tems son mouvement qu'une
bale de liége ; ce qui n'arrive
que parce qu'elle a plus de force
mouvante, quoiqu'elle n'ait pas
plus de vitesse. Ainsi nos tourbillons inferieurs, quoiqu'ils

foient plus grands que les fuperieurs, réfiftant aux fuperieurs nonfeulement par la promptitude de leur circulation, mais auffi par la maffe, dont ils font plus chargés, pourront faire équilibre avec eux; Ce qui refout entierement la difficulté propofée.

PROPOSITION XIII.

Les petits tourbillons du troifiéme élément qui rempliffent l'atmofphere d'une Planete, ne doivent pas circuler fi promptement autour de fon centre, que les petits tourbillons du fecond élément l'auroient fait, fi le tourbillon de la Planete étoit demeuré dans l'état de fimplicité, où nous avons confideré le tourbillon dans les Leçons précédentes.

Si l'on compare la viteffe avec laquelle le centre de la Lune cir-

cule autour du centre de la Terre, à celle d'un des points de l'é-
quateur terreſtre, on trouvera
que le rapport de ces viteſſes eſt
bien different de celui qu'exige
la regle de Kepler, qui eſt (Pr.
13. 2.) la loi de l'équilibre des
forces d'un tourbillon, lorſqu'il
n'a reçu aucun dérangement
dans ſes parties ; & que la Terre,
& par conſéquent les couches de
ſon tourbillon qui l'avoiſinent,
circulent beaucoup moins vîte
qu'elles ne devroient le faire ſelon cette loi.

Car nommant D la diſtance
de la Lune au centre de la Terre,
& d celle d'un des points de ſon
équateur ; T le tems de la révolution de la Lune, & t celui du
point de l'équateur ; on aura
(Pr. 13. 2.) $D. d :: \sqrt[3]{TT}. \sqrt[3]{tt}.$
ou $\sqrt[3]{D^3}. \sqrt[3]{d^3} :: T. t.$

Or on ſçait que la Lune eſt
éloignée du centre de la Terre

G iiij

de 60 demi-diamétres de la Terre, & qu'elle acheve sa révolution en 27 jours 7 heures ; ou en 665 heures. On aura donc $D = 60$. & $\sqrt[3]{D^3} = 467$. $d = 1$. & $\sqrt[3]{d^3} = 1$. $T = 665$ heures.

Donc $\sqrt{D^3}$ (467). $\sqrt[3]{d^3}$ (1) :: T (665). $t = \frac{665}{467}$. heures , ou 1 heure & 25 minutes, ce qui n'est environ que la 17e partie de 24 heures.

D'où il suit qu'au lieu que la Terre devroit faire son tour en moins d'une heure & demie, selon la régle de Kepler , elle y employe 24 heures, ou environ 17 fois plus de tems qu'il ne faudroit ; par où il semble que la loi de l'équilibre des couches du tourbillon est renversée.

Mais si l'on considere que dans le grand tourbillon d'une Planete , c'est principalement à l'équilibre de la force centrifuge des petits tourbillons de l'é-

ther, ou du second élément, auquel il faut avoir égard ; à cause
que ce sont ces petits tourbillons
qui le remplissent entierement ,
& que les tourbillons du troisiéme élément en étant eux-mêmes
formés n'occupent que la moindre partie de ce grand tourbill.

2°. Que si les centres des petits
tourbillons du troisiéme élément
achevoient leurs révolutions en
une heure & demie ou environ ,
les centres des petits tourbillons
de l'éther, dont ceux du troisiéme élément sont formés, ache-
veroient aussi leurs révolutions
autour du centre de la Terre
dans le même tems ; & auroient
déja toute laforce centrifuge requise pour l'équilibre. 3°. Que
les petits tourbillons de l'éther
ne pourroient avoir cette vitesse
autour du centre de la Terre ,
& circuler outre cela autour des
centres des petits tourbillons du

troifiéme élément , fans que
leur viteffe ne redoublât , ni que
leur force centrale centrifuge ne
fût beaucoup plus grande que
l'équilibre ne l'exige ; puifqu'ils
auroient une double viteffe , &
outre cela une nouvelle force
centrifuge , que leur circulation
autour des globules du troifiéme
élément leur fournit. Il paroîtra enfin qu'il n'eft pas poffible
qu'il y ait équilibre entre tous
les points du tourbillon terreftre:
ou que leurs forces centrales
$P, p.$ foient entr'elles en raifon
inverfe des quarrés de leurs diftances $D. d.$ qu'en un mot on
ait $P. p :: dd. DD.$ à moins que
la viteffe des petits tourbillons
de l'éther autour du centre de
la Terre , que la régle de Kepler
exige , ne fe partage ; & qu'ils
n'employent une partie de
cette viteffe à circuler autour
des centres des petits tourbil-

lons du troisiéme élément.

L'équilibre , où les couches fphériques d'un tourbillon doivent nécessairement arriver , fera donc caufe que les couches fphériques compofées des petits tourbill. du troisiéme élément, voifines de la fuperficie de la Terre , & par conféquent la Terre, employeront beaucoup plus de tems à faire leurs révolutions, favoir 24 heures ou 48 demi-heures , au lieu qu'elles n'y auroient employé qu'environ trois demi-heures , fi les tourbillons de l'éther avoient circulé tout fimplement autour du centre de la Terre, & n'avoient pas en même tems circulé autour des petits globules du troisiéme élément. C. Q. F. D.

REMARQUE.

La difficulté de concilier dans l'hipothefe des tourbillons la

lenteur du mouvement des Planetes autour de leur axe avec
les loix de l'équilibre, a paſſé
juſqu'à préſent pour une des plus
conſiderables : mais la facilité
avec laquelle on vient de la re-
ſoudre en ſuivant conſtamment
les loix des Mécaniques, doit
être regardéecomme une preuve
convaincante de la ſolidité de
nos principes ; qui ſontd'ailleurs,
comme on le voit, d'une ſimpli-
cité parfaite : puiſqu'il ne s'y agit
jamais que de mouvemens circulaires dont on connoît l'origine
& toutes les proprietés.

PROPOSITION XIV.

Le dérrangement ſurvenu dans les couches des tourbillons des Plane-tes à l'égard de la régle de Kepler, ne doit avoir cauſé aucun changement dans la loi de la peſanteur.

M. Newton, comme nous

l'avons dit (Pr. 16. 4.) a prouvé
par l'expérience que la pefanteur décroiſſoit en raiſon inverſe du quarré de la diſtance ;
& nous avons vû (Pr. 16. 4.) que
cet effet étoit une ſuite du mouvement circulaire dans le tourbillon conſideré dans l'état parfait.

Il y a donc maintenant lieu de
demander comment il peut ſe
faire que dans les tourbillons des
Planetes , où les viteſſes des
points de leurs couches ne ſont
pas en raiſon inverſe des racines
de leurs diſtances , ce changement n'apporte aucune varieté
dans la loi de la pefanteur ; &
qu'un corps peſant voiſin de la
ſuperficie de la Terre , employe
juſtement 60 fois moins de
tems à parcourir 15 pieds , qu'il
n'en employeroit à parcourir le
même eſpace , s'il commençoit
à tomber de l'orbite de la Lune,

quoique la Terre,& l'atmosphere qui l'environne, circulent 17
fois moins vîte qu'elles ne devroient faire , pour produire cet
effet.

Je répons que si l'on considere que la pesanteur , comme
on l'a démontré (Pr. 14. 4.) ne
procéde pas immédiatement du
mouvement circulaire des points
du tourbillon autour du centre
commun: mais qu'elle procede,
comme on l'a vû (Pr. 15. 4.) de
l'élasticité des parties de ce tourbillon causé par le mouvement
circulaire des parties des petits
tourbillons, dont le grand tourbillon est composé , autour de
leurs propres centres , & de la
tendance que ce mouvement
procure à leurs centres de s'é-
carter l'un de l'autre ; on verra

Que quoique les centres des
tourbill. du troisiéme élément ,
qui forment les couches sphéri-

riques qui font voifines de la fuperficie de la Terre, n'achevent
pas leurs circulations auffi promtement que l'exige la régle de
Kepler ; cela n'empêche pas que
l'équilibre, qui doit néceffairement furvenir entre toutes les
parties du grand tourbillon, ne
faffe que la fomme PS des forces
centrales P de tous les points du
fecond élément, dont ces mêmes
couches font pareillement formées, ne foit égale dans l'une de
ces couches S à la fomme ps des
forces centrales de tous les points
du fecond élément, qui forment
un autre de ces couches s, &
qu'on n'ait par conféquent par
tout $PS = ps$. $P. p :: s. S$, & par
conféquent $P. p :: dd. DD$. Et
que cela ne puiffe arriver, quoique les centres de ces tourbillons du troifiéme élément ne
circulent pas auffi vîte qu'auroient fait les petits tourbillons

de l'éther, autour du centre commun ; Parce que cette lenteur des centres des tourbillons du troisiéme élément n'empêche pas que les tourbillons de l'éther, dont l'élasticité est la cause de la pesanteur , n'ayent réellement toute la force élastique qu'ils auroient eu en achevant leur circulation autour du centre de la Terre en une heure & demie ; puisque s'ils ne l'achevent qu'en 24 heures, cela ne vient que de ce qu'ils employent une partie de cette vitesse à circuler autour des globules du troisiéme élément.

Il est donc nécessaire que dans les tourbillons des Planetes, aussi-bien que dans le tourbillon que nous avons consideré dans la Leçon IV. la pesanteur y croisse & décroisse également en raison inverse du quarré de la distance. C. Q. F. D.

REMARQUE

R E M A R Q U E.

Cette nouvelle épreuve de nos principes confirme de plus en plus leur réalité ; car c'étoit encore ici une de ces grandes difficultés à réfoudre dans le fiftême des tourbillons, dans lefquels on voit que la loi de la pefanteur y fera conftamment confervée, par les fimples loix des Mécaniques, avec autant de précifion que fi on la fuppofoit gratuitement dans l'Univers, comme un principe émané de la volonté immédiate du Créateur, principe indépendant du mécanifme & accompagné du vuide.

PROPOSITION XV.

Les globules pefans, qui font aux centres des petits tourbillons du troifiéme élément, feront électriques.

L'expérience nous apprend,

H

Que certains corps qu'on nomme *Pierres d'aiman*, étant suspendus dans l'air affectent de tourner certains points *A. B* (fig. 30.) de leurs superficies, que l'on nomme leurs *poles*, vers les poles de la Terre Boreal & Austral.

2°. Que lorsqu'on répand de la limaille de fer sur du aiman posé sur du papier, la limaille prend une disposition, qui nous indique, suffisamment qu'il y a autour de ce corps comme un tourbillon, ou plutôt une atmosphere d'une matiere très-subtile, puisqu'elle passe à travers les pores du verre; laquelle s'étend d'un pole à l'autre de l'aiman, & s'arrange de telle sorte tout autour de ce corps en formant des arcs de cercle *ACB*, *ADB*, qu'on diroit que sortant d'un pole *A*, elle rentre dans l'aiman par l'autre pole *B*.

3°. Que si l'on approche le pole austral *a* (fig. 3 1.) d'un autre aiman *ab*, du pole boreal *B* du précédent *AB* ; on voit que les traces imprimées dans la limaille au lieu de se disposer en arcs de *A* vers *B*, comme dans la (fig. 30.) elles tendent toutes du pole *A*, vers le pole *b*; & celles qui partent du pole *b*, au lieu de tendre vers *a*, s'étendent jusqu'au pole *A*, & ne nous montrent plus que la trace d'une seule atmosphere, qui enveloppe les deux aimans.

4°. Qu'au contraire, lorsqu'au lieu de presenter le pole *a* de l'un au pole *B* de l'autre, on lui présente le pole *b* du premier *ab* ; alors bien loin que les atmospheres des deux aimans se confondent pour n'en former qu'une, comme auparavant, elles se resserrent & se compriment, comme on le voit representé (fig. 3 2.)

H ij

5°. Que ſi un de ces aimans *AB* (fig. 31.) eſt ſuſpendu à un fil, & qu'on lui préſente d'un peu loin l'autre aiman *ab*, en tournant ſon pole *a* vers *B*; l'aiman *AB* s'approche comme de lui-même tout contre l'aiman *ab*, & s'y tient ſi fortement attaché, que pour l'en ſéparer ſelon la direction *B A*, il faut y employer une force très-conſiderable; ſur-tout lorſque les aimans étant ap-platis, & bien polis en cet endroit, ſe touchent en un grand nombre de points.

6°. Qu'au contraire lorſqu'au lieu de préſenter le pole *a* de l'un au pole *B* de l'autre, on lui pré-ſente le pole *b* de même nom; comme on le voit (fig. 32.) l'ai-man *AB* s'écarte de l'aiman *ba*, qui paroît le repouſſer avec une force pareille à celle avec la-quelle il ſembloit l'attirer au-paravant. De ſorte que l'aiman

suspendu *AB* tourne sur son
centre & vient présenter son
pole *A* au pole *b* de l'aiman *ab*.

7°. Que si l'on suspend avec
un fil un petit aiman *ab* (fig. 30.)
dans le tourbillon *ACBD* d'un
grand aiman *AB* entre ses deux
poles *A. B*; le petit aiman *ab* se
dispose de telle sorte à l'égard
du grand *AB*, que son pole *b* regarde le pole *A*, & son pole *a* le
pole *B* du grand *AB*. De telle
sorte que les axes des deux aimans sont dans un plan. D'où il
suit que la disposition que les
pierres d'aiman prennent à l'é-
gard de la Terre étant la même
que celle que prend un petit aiman à l'égard d'un grand, doit
nous porter à conclurre que la
terre est un veritable aiman.

8°. Et comme on a experi-
menté qu'un grand aiman communiquoit sa vertu à des morceaux de fer, qui à son approche

devenoient de parfaits aimans, autour desquels étoient des tourbillons semblables au tourbillon *abcd*, que l'on voit autour d'un petit aiman *ab*, compris dans le tourbillon d'un grand ; on a eu juste raison d'en conclurre que la Terre, considerée comme un grand aiman, communiquoit sa vertu magnetique aux pierres d'aiman que l'on trouve ordinairement dans les mines de fer.

Je ne m'arrêterai pas ici à rapporter les proprietés de l'aiman, qui dérivent de celles-ci, ni à développer les causes mécaniques de tous ces effets ; l'ayant fait avec assez de précision dans un Mémoire que j'ai lû à l'Académie en 1734. & qu'on trouvera imprimé à la fin de ce volume ; dans lequel, j'ai montré entr'autres choses que le tourbillon, ou plutôt l'atmosphere de la matiere magnetique, qui environnant la Terre, s'étend & se dirige d'un pole à l'autre, ne procédoit que de ce que la Terre étant devenue dure, & tournant sur son centre, elle déterminoit les parties de cette matiere à se diriger de cette façon.

D'où il suit que les petits globes durs, qui sont aux centres de nos petits tourbillons & qui y circulent autour de leur axe, de la même façon que la Terre, doivent être pourvus chacun d'un tourbill. magnetique semblable à celui de la Terre : mais d'un genre tout différent qui leur est propre, & dont le magnetisme ne dérive pas de celui de la Terre, comme celui du fer & des pierres d'aiman en dérivent. Car il est clair, que la matiere qui compose les petits tourbillons magnetiques de nos globules durs, doit être d'une subtilité in-

comparablement plus grande
que n'eſt celle qui compoſe le
tourbill. de la Terre , du fer &
des pierres d'aiman ordinaires ;
& que cette vertu doit autant
varier qu'il peut y avoir de
différence dans la tiſſure &
dans les pores de ces globules.
Et c'eſt la raiſon pour laquelle nous avons appellé *élec-*
trique cette attraction , comme
étant indépendante du magne-
tiſme de la Terre, autant & plus
encore que ne l'eſt celle de l'am-
bre , du verre , &c. qui étant
frottés acquierrent une pareille
vertu,qui ſe communique à d'autres matieres , ainſi que pluſieurs
Auteurs l'ont obſervé.

De ſorte que ceux de ces petits globes qui ſeront d'un tiſſu
ſemblable & montés , pour ainſi
dire , ſur le même ton , étant voiſins l'un de l'autre pourront s'attacher l'un à l'autre avec une
force

force pareille à celle avec laquelle les aimans ordinaires s'attachent. Au contraire ceux de ces globules dont les pores des uns feront plus petits que les pores des autres, & dont les parties de la matiere magnetique qui pénétre & qui environne les uns, feront peu propres à occuper les pores des autres, en un mot dont la tiffure des parties des uns ne fera pas montée fur le même ton que la tiffure des parties des autres, fe trouvant pêle mêle dans un même milieu ; bien loin de fe lier enfemble & de s'y tenir attachés dans un certain ordre, ils s'entre-poufferont mutuellement, & il fe formera entr'eux une petite atmofphere femblable à celle que l'on voit fe former entre les poles *B. b* (fig. 3 2.) de deux aimans dont les poles qui fe regardent font d'un même nom. Donc, &c. C. Q. F. D.

I

REMARQUE.

On voit par ce que nous venons de dire, qu'il n'est nullement nécessaire de sortir du mécanisme pour expliquer distinctement & par les seules loix de l'impulsion tous ces mouvemens réciproques ausquels on a donné le nom d'attraction ; ni, parce que nos yeux ne sont pas assez perçans pour voir les petits corps qui choquent ceux que nous voyons s'approcher les uns des autres, d'imaginer aussi-tôt une cause métaphisique qui réponde à cet effet. A la bonne heure que nous appellions *attraction* un mouvement dont le choc qui le produit est insensible ; mais de prétendre que l'on connoisse cet effet parce qu'on a prononcé ce mot, c'est une illusion manifeste. Car un mot, un simple mot, énergique tant qu'on voudra, ne peut jamais être mis au rang des causes. *Fin de la Leçon VI.*

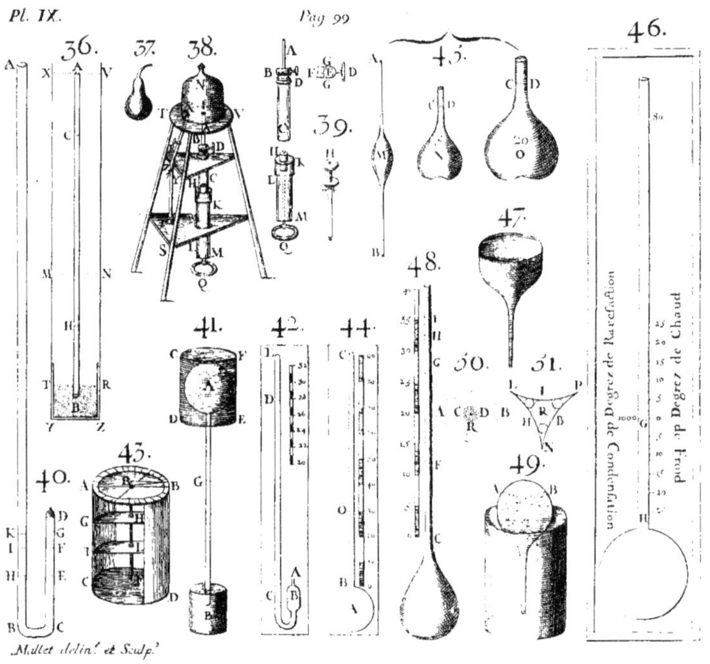

Mallet delin.t et Sculp.t

LEÇON VII.

DE L'AIR.

PROPOSITION I.

L'expérience apprend que l'Air est un milieu transparent, fluide pesant, poreux, élastique, capable d'une grande dilatation, & d'une grande compression.

I. ON dit qu'un milieu est *Opaque* lorsqu'il nous cache la vûë des objets qu'il contient ; Et qu'il est *Transparent* lorsqu'il n'empêche pas que nous ne voyons ces objets. On ne peut donc douter que l'Air qui eſt cet eſpace dans lequel nous vivons, ne ſoit très-tranſparent ; puiſqu'il ne nous cache aucun objet capable d'affecter notre vûë.

II. L'extrême facilité avec laquelle nous nous mouvons dans l'air, nous porte naturellement à le conſiderer comme un eſpace vuide. Nous pouvons néanmoins aiſément nous deſabuſer de ce préjugé par l'expérience ſuivante. Car ſi l'on prend un tuyau de verre *AB* (fig. 36.) bouché par un bout *A* avec une veſſie, & qu'on le plonge perpendiculairement dans un vaſe *XYZV* rempli d'eau ; on éprouvera que l'eau n'entre pas dans le tuyau par ſon bout ouvert *B*, tant que l'air qui y eſt contenu, n'a point d'iſſuë pour en ſortir : mais qu'auſſi-tôt que l'on percera avec la pointe d'une aiguille la veſſie qui couvre l'orifice *A* du tuyau, l'air en sortira & le tuyau se remplira d'eau jusqu'à la hauteur *XV* de la superficie de l'eau contenuë dans le vaisseau *XZ.* Ce qui est une preuve évidente & sensible que l'air est un vrai corps, un espace vraiment impénétrable : mais un corps trèsfluide, puisqu'il s'écoule si aisément par la moindre issuë. Et en effet sa fluidité est telle qu'on n'a jamais pû ni par la compression ni par aucun degré de froid le réduire en un corps qui eût quelque consistance, ou qui fût moins fluide qu'il ne paroît l'être ordinairement ; quoiqu'on ait trouvé le moyen de le réduire à un volume 3 2 fois plus petit que n'est celui qu'il occupe ordinairement. Néanmoins la fluidité de l'air ne va pas jusqu'à passer par les pores du verre, ni à s'infinuer à travers les pores de l'eau, ni d'aucun métal, ni de certains

bois durs, ni par des issuës par
où les parties de l'eau & de plusieurs autres fluides qui paroif-
sent plus grossiers, passent &
s'insinuent sans difficulté.

III. La Lubricité de l'air, c'est-
à-dire, la facilité qu'ont ses parties de se séparer les unes des autres, est telle que le moindre
coup d'aile d'une mouche est
capable de vaincre très-facilement l'union qu'elles pourroient
avoir entr'elles. Elles ne laissent
pas néanmoins de se rassembler
lorsqu'elles sont dispersées dans
l'eau ou dans quelqu'autre liqueur que ce soit, de se joindre
& de composer un tout qui a
quelque consistance, & que l'eau
ne peut aisément pénétrer. Cependant on ne peut douter que
l'air ne renferme des pores ou
des issuës à travers lesquelles
l'eau & une infinité d'autres matieres extrêmement divisées paf-

sent & s'y tiennent suspenduës.

IV. La Pesanteur de l'air est demeurée plus long tems cachée; & l'on ne s'en est apperçu dans le siécle passé qu'après avoir fait un grand nombre d'expériences très - recherchées , dont voici une des plus sensibles. On a pris une bouteille de cuivre (fig. 37.) qu'on nomme vulgairement Eolipile, dont l'orifice est très-étroit; on l'a fait rougir au feu pour en chasser l'air grossier, & aussitôt après on a bouché son orifice avec de la cire ; on a laissé refroidir la bouteille , après quoi on l'a pesée. On a ouvert son orifice avec la pointe d'une aiguille pour y laisser rentrer l'air, & l'ayant pesée une seconde fois, on a trouvé qu'elle pesoit plus ; & on a vû par la différence de ces deux poids quelle étoit la pesanteur de l'air contenu dans la bouteille. On l'a ensuite remplie

d'eau & on l'a pesée une troisiéme fois. Enfin par la comparaison
faite du poids de l'air qu'elle contenoit ; à celui de l'eau ; Boile a
jugé que l'eau pesoit environ
mille fois plus que l'air. Quelques autres expériences, faites
avec plus de précifion, ont fait
juger que la pefanteur de l'air
étoit un peu plus grande, & que
l'eau ne pefoit qu'environ 850
fois plus que l'air. Mais cette pefanteur de l'air n'eft nullement
conftante, elle varie à chaque
inftant ; parce qu'elle dépend du
nombre & de la qualité des parties heterogenes qui y font répanduës. De forte que le vrai
poids de l'air, confideré dans fa
pureté, nous eft abfolument in-
connu, & fera toujours beaucoup moindre que n'eft celui
que nous pourrions y éprouver.

V. On a connu par plufieurs
expériences jufqu'à quel point

pouvoit aller l'élasticité de l'air,
dont on ne s'étoit pas même
douté jusqu'alors ; entr'autres
par celle du globe creux partagé
en deux hémifpheres dont nous
avons parlé (Pag. 41.) ; & l'on
peut juger par la force qu'il faut
employer pour féparer ces hémifpheres, de celle avec laquelle
l'air peut comprimer par fon reffort les parties des corps qu'il environne, lorfqu'il ne peut s'infinuer entre leurs fuperficies.

VI. La Dilatabilité de l'air n'a
bien été connuë que dans la machine du vuide que Boile a per-
fectionnée. Elle eft compofée,

1°. D'une plaque ronde de cuivre ou d'étain *TV* (fig. 3 8), d'une
ligne ou deux d'épaiffeur & de
dix pouces de diamétre, percée
au centre *I*, attachée horizontalement à une charpente de bois
haute de quatre pieds, compofée
de deux triangles équilateraux

S. *Y* percés au centre ; & aux angles defquels font attachés trois fupports qui portent un cercle fur lequel la plaque *TV* eft attachée.

2°. D'une efpece de cloche de verre *N*, qu'on nomme récipient, & qu'on pofe fur la plaque après l'avoir couverte d'une peau de chamois percée au centre *I*.

3°. D'une pompe ou feringue d'étain ou de cuivre *ABDC*, longue de 14 à 15 pouces, dont le pifton *H* qui doit entrer en *C* eft environné d'un étui de fer-blanc *KLM* capable de contenir le corps de la feringue, large vers fon extrémité fupérieure *KL* ; dont le trou *M* par où paffe le manche du pifton eft un tuyau long de deux pouces bien bou-ché avec de la filaffe, afin de pou-voir contenir l'eau dont on le remplit depuis *M* jufqu'en *L* ; & qui remonte en *LK* lorfque le

corps *DC* de la feringue s'y enfonce ; comme la figure 39. le
reprefente plus diftinctement. Le
bout du manche du pifton environné de filaffe , & qui paffe au
delà du trou *M* eft en vis & entre
dans l'écrou de l'étrier *Q.*

4°. Le pifton *H* eft compofé
de deux plaques d'étain ou de
cuivre, dont l'inferieure eft fou-
dée à un cilindre de même métal , & l'autre y tient par une vis
à l'aide de laquelle on peut approcher, ou éloigner, les deux
plaques l'une de l'autre. A l'extrémité inferieure du cilindre eft
attaché le manche de la feringue
avec une cheville, afin qu'il puiffe
fe mouvoir librement ; c'eft une
branche de fer longue de 20.
pouces. On garnit l'entre-deux
des plaques du pifton de bonne
filaffe qu'il faut coudre à mefure:
ou de plufieurs rouelles de cha-
peau & de cuir , dont on fait le

deſſus des ſouliers, alternativement poſées l'une ſur l'autre,
qu'on arrondit bien & qu'on en-
duit enſuite d'huile ou de ſuif.
En tournant la vis qui eſt au-deſ-
ſus de la plaque ſuperieure, on
preſſe ou on relâche les cuirs, ce
qui donne au piſton la juſteſſe
néceſſaire pour bien pomper.

5°. Au bout ſuperieur de la
ſeringue eſt ſoudé un robinet de
cuivre *BD*, & un canal *A* qui
communique au corps de la ſeringue. La clef *D* du robinet eſt
percée perpendiculairement à
ſon axe d'un trou *GG* de la grandeur du canal *A*, & creuſée ſur
ſa ſuperficie d'une renure *EF*, parallele à ſon axe & à égale diſtance des deux orifices *G.G* du trou ;
elle eſt d'une demi-ligne de large & d'une ligne & demie de profondeur. Le bout du canal *A*
vient aboutir au centre *I* de la
plaque *TV* où il eſt bien maſti-

qué. La feringue paffe à travers
le premier triangle *Y*, & y eft foutenuë par fon bord *D*. Le tuyau
de fer blanc *KLM*, attaché au
bout du manche du pifton, traverfe le fecond triangle *S*, &
peut s'y mouvoir aifément. On
étend fur la platine *TV* une ou
deux peaux de mouton percées
vis-à-vis du trou *I* & bien hu-
mectées, fur lefquelles on pofe
le récipient *M*.

6°. On peut fi l'on veut ajoûter à cette machine un tuyau de
cuivre *XZ* foudé ou cimenté en
X, au milieu duquel il y a un robinet *R* que l'on ouvre lorfqu'on
veut faire ufage de ce tuyau, à
fon bout *Z* on ajufte avec de
la veffie de cochon un tuyau de
verre *ZT*, dont le bout *T* trempe dans un vafe plein de vif argent.

Lorfqu'on tourne la clef *D* du
robinet de la feringue, de telle

forte que les orifices *GG* du trou
qui le traverse sont vis-à-vis du
canal *A* & du trou de la seringue,
& qu'on met le pied dans l'étrier
Q pour tirer en bas le piston *H*,
l'air contenu dans le récipient &
dans le canal *A*, s'étend dans la
capacité de la seringue. Alors on
tourne la clef *D*, de sorte que son
corps bouche l'orifice du canal,
& que sa renure *EF* réponde
par un bout à l'orifice du trou
de la seringue & par l'autre à l'air
exterieur. On éleve ensuite le
piston, & l'air contenu dans la
seringue sort par le canal *EF*.
Puis on remet la clef dans sa
premiere situation, & on réitere
l'operation, jusqu'à ce qu'on ait
vuidé d'air le récipient autant
qu'il est possible. Si l'on veut
donner de l'air au récipient, on
tourne la clef, de sorte que sa renure réponde à l'orifice du canal *AI*. L'eau que l'on met dans

l'étui *KLM* empêche que l'air ne
passe dans le corps de la seringue
lorsqu'on tire le piston. A mesure que l'on pompe l'air du récipient, le vif-argent contenu
dans le vase *T*, monte dans le
tuyau de verre *TZ*, & marque
de combien le ressort de l'air
contenu dans le récipient est
affoibli ; de sorte que si le vif-argent montoit jusqu'à la hauteur
de 28. pouces, ce seroit une
preuve qu'on auroit pompé tout
l'air du récipient.

Une vessie de carpe vuidée de
l'air qu'elle contient ordinairement, à la reserve d'une petite
bulle pas plus grosse qu'une len-
tille, étant mise sous le récipient
de la machine du vuide ; on voit
qu'à mesure que l'on pompe
l'air du récipient qui environne
la vessie, la bulle d'air qu'elle
contient s'agrandit si prodigieu-
sement qu'elle remplit la vessie

& la tend avec une telle force
que, si l'on continuë à pomper, la
veffie créve enfin avec éclat ; ce
qui n'arrive pas lorfqu'on a pris
foin de ne laiffer aucune molécule d'air dans la veffie ; car alors
elle demeure dans l'état où l'on
l'a mife. Mais, fi avant que la
veffie créve, on laiffe entrer peu
à peu l'air dans le récipient ; on
voit que la veffie fe flétrit peu à
peu, & que l'air qui y eft contenu parvient enfin à n'occuper
pas plus de place qu'il n'en occupoit avant l'expérience. De forte
que Boile après avoir fait, avec
une adreffe merveilleufe, un
grand nombre de pareilles expériences, en a conclu avec affez de précifion : qu'une portion
d'air dans fon état naturel, étant
déchargé autant qu'on le peut
de l'air environnant qui le comprime, pouvoit occuper un efpace 13 ou 14 mille fois plus

grand

grand que n'eſt celui qu'il occupe lorſqu'il en eſt environné;
Et 520 mille fois plus grand que
n'eſt celui auquel on peut le réduire par la compreſſion.

VII. A l'égard de la Com-
preſſibilité de l'air, Boile a déterminé par l'experience ſuivante,
qu'elle étoit ſenſiblement pro-
portionnelle au poids dont il
étoit chargé; c'eſt-à-dire, que
l'air comprimé occupoit toujours d'autant moins de place
qu'il étoit chargé d'un plus
grand poids.

Ayant préparé un tuyau de
verre recourbé (fig. 40) dont
l'une des branches AB eſt d'environ 13 pieds, & l'autre CD de
12 pouces ſcellé hermetiquement par le bout D.

1°· On verſe d'abord dans le
tuyau $ABCD$ ouvert par le bout
A aſſez de vif-argent pour remplir la capacité horizontale BC.

Et l'on confidere que l'air contenu dans la branche *C D* eft chargé du poids de l'atmofphere égal
à celui d'une colonne de vif-argent haute de 28 pouces.

2°. On continuë à verfer du
vif-argent dans le tuyau *A B* jufqu'à ce que l'air contenu dans la
branche *C D* n'occupe plus que
l'efpace *E D* moitié de *C D*. Et
comptant depuis le point corref-
pondant *H*, le nombre des pouces
du vif-argent néceffaire à cet effet, on en trouve 28. Par où l'on
connoît que, pour que l'air foit
réduit à n'occuper que la moitié
de l'efpace qu'il occupe ordinairement, il faut qu'il foit chargé
d'un poids double de celui dont
il étoit auparavant chargé.

3°. On continuë à verfer du
vif-argent par le bout *A*, jufqu'à
ce que l'air contenu dans l'efpace *E D* n'occupe plus que l'efpace *F D*, moitié de *E D*. Et

comptant depuis le point cor-
respondant *I*, le nombre des pouces du vif-argent, on en trouve
3×28, ou 84. Par où l'on connoît
que pour que l'air soit réduit à
n'occuper que le quart de l'espace qu'il occupe ordinairement, il faut qu'il soit chargé
d'un poids quadruple de celui
dont il est ordinairement chargé.

4°. On continuë à verser du
vif-argent par le bout *A*, jusqu'à
ce que l'air contenu dans l'espace *FD* n'occupe plus que l'espace *GD* moitié de *FD*. Et com-
tant depuis le point correspon-
dant *X* le nombre des pouces du
vif-argent, on en trouve 7×28,
ou 196. Par où l'on voit que
pour que l'air soit réduit à n'occuper que la 8ᵉ partie *GD* de
l'espace *CD* qu'il occupe ordinairement, il faut qu'il soit
chargé d'un poids octuple de celui dont il est ordinairement

chargé. Et ainsi de suite.

Et pour s'assurer si l'air, qui remplissoit d'abord l'espace CD, s'étoit en effet réduit par la compression à n'occuper que l'espace GD sans se dissiper, on a vuidé le vif-argent contenu dans le tuyau AB, & on a vû que lorsqu'on en avoit vuidé la valeur de 4×28, ou 112 pouces, l'air est revenu de G en F. Qu'après en avoir encore vuidé 2×28, ou 56 pouces, il est revenu en E, & qu'après en avoir encore vuidé les 28 pouces qui restoient, il est revenu en C. Ce qui marque sensiblement que le ressort de l'air, nonobstant le poids énorme dont il avoit d'abord été chargé, n'avoit rien perdu de sa force élastique ; que cet air étoit toujours demeuré tout entier dans le tuyau CD, quoique réduit aux espaces ED. FD. GD. & qu'aucune de ses parties propres ne s'en étoit échapée ni par les pores du verre ni par celles du vif-argent.

Le plus loin que l'on ait pû pousser la compression de l'air, est de l'avoir réduit à n'occuper que la 3 2e partie de l'espace qu'il occupe ordinairement, & on a éprouvé qu'il falloit toujours employer à cet effet un poids d'autant plus grand, que l'espace auquel on l'avoit pû réduire étoit plus petit. Or quoiqu'on ait réduit ce volume d'air à n'occuper plus que ce petit espace, on ne s'est point apperçu que sa fluidité ait diminué, ni qu'il ait passé par les pores du verre, ni par ceux du vif-argent.

VIII. L'Air peut aussi être Raréfié par le chaud & Condensé par le froid ; car Boile a éprouvé qu'après avoir versé du vif-argent dans la branche *A B* jusqu'à la hauteur de 28 pouces, & avoir

réduit l'air contenu dans la branche *CD* à l'espace *DE* , en
ayant approché un fer chaud, il
a remarqué que cet air s'étendoit
jusqu'en *C*, & que par la chaleur
son ressort étoit devenu capable
de soulever un poids double de
celui qui le comprime ordinairement. La même chose arrive
lorsqu'ayant laissé quelque peu
d'air dans l'espace *AC* (fig. 36)
on l'échauffe par l'approche d'un
charbon ardent ; car on voit
aussi-tôt le vif-argent descendre
de *C* vers *B*.

Boile ayant ensuite pris une
bouteille de verre *AB* (fig. 41.)
dont l'extrémité du col long d'environ deux pieds & demi trem-
poit dans un vase *B* plein d'eau ,
& dont le corps *A* étoit contenu
dans une quaisse de liége *CDEF*,
remplie de glace broyée & mêlée
avec du sel commun , il s'apper-
çut que le froid que ce mélange

caufe à l'eau qu'elle géle au milieu de l'Eté, avoit produit un
tel effet fur l'air contenu dans la
bouteille ; que cet air fe réduifant à un moindre efpace, l'eau
contenuë dans le vafe *B* étoit
montée vers *G* à la hauteur d'environ deux pieds, & que l'efpace
BG, dont l'air s'étoit retiré, étoit
environ la 14 ou 15ᵉ partie de
tout l'efpace qu'il occupoit auparavant.

IX. M. Amontons (Mem.
de l'Acad. 1699. 1702.) ayant
éprouvé par le Termometre que
l'eau boüillante n'acqueroit pas
en continuant à boüillir un plus
grand degré de chaleur qu'après
avoir boüilli environ un quart
d'heure, (ainfi que l'a remarqué
M. de Reaumur Mem. de l'Ac.
1730), découvrit que ce degré
déterminé de chaleur procuroit
à l'air la force de foutenir un
poids d'un tiers plus grand que

celui dont il étoit chargé. De
forte que par un même degré de
chaleur l'air acqueroit une force
de reffort d'autant plus grande
que le poids qui le comprime eft
plus grand.

Ce font là les principales proprietés de l'air confideré en lui-
même, dont l'experience nous a
inftruit, & qui doivent nous guider pour déterminer fa ftructure. Plufieurs Phificiens s'y font
appliqués, entr'autres M. Mariotte dans fon Traité de la nature de l'air : Mais tout leur effort s'eft terminé à nous repre-
fenter l'air comme une efpece de
duvet très-fin & très-délié, dont
les parties font des reffor̃ts entre-
laffés & bandés l'un contre l'autre ; ce qui, comme nous le verrons bientôt, ne peut en aucune
façon répondre à fes proprietés.

REM·

REMARQUE.

I. Pour connoître à chaque instant le degré de pesanteur, ou plutôt d'élasticité de l'air, on a construit un instrument qu'on nomme *Barometre*, composé d'un cilindre de verre (fig. 42) ouvert en *A*, dont le col *CDE* est un tuyau recourbé bouché hermétiquement en *E*, long de trois pieds, & large de trois lignes de dedans en dedans.

On verse d'abord du vif-argent dans la bouteille *B*, par l'orifice *A*, que l'on fait ensuite entrer dans le tuyau *CDE*, en tournant son bout *E* du côté de la terre ; & lorsqu'il est plein jusqu'en *C*, on l'éleve perpendiculairement. Le vif argent descend du tuyau jusqu'à la hauteur *D*, & rentre dans la bouteille jusqu'à la hauteur *BC*.

On attache ce tuyau ainsi

diſpoſé ſur une planche de bois le long de laquelle on marque des diviſions en pouces & lignes, depuis le point *C*, qui eſt de niveau à la ſuperficie *B* du vif-argent contenu dans la bouteille, juſqu'au haut du tuyau ; on ſuſpend le tout perpendiculairement contre un mur expoſé au Nord dans un air libre.

Le vif-argent, preſſé par l'air extérieur qui paſſe par l'ouverture *A*, ſe tient ſuſpendu dans le tuyau depuis environ 26 juſqu'à 28 ou 29 pouces ; & ſa ſuperficie *D* montre de combien l'air eſt plus ou moins élaſtique en un tems qu'en un autre. Et par ce moyen on peut prédire s'il fera beau, s'il pleuvra, s'il y aura des orages, des tempêtes, &c.

Car on a éprouvé 1°. que lorſque le Barometre demeure fixe à la plus grande hauteur, le tems , après un, deux, ou trois jours d'intervale devient beau, calme, serein, & continuë d'être en cet état. 2°. Lorsque le Barometre commence à baisser, & qu'il continuë à descendre, on voit peu de tems après que l'air se charge de nuages, & la pluïe tombe. 3°. Lorsque le Barometre est au point le plus bas & qu'il y séjourne, la pluïe continuë à tomber abondamment. Mais après une pluïe abondante, pour peu que le vif-argent remonte, il y a esperance de beau tems. 4°. Lorsque durant un petit espace de tems le Barometre monte & descend alternativement, c'est signe que le tems deviendra orageux, qu'il y aura des vents & des tempêtes. On a remarqué que toutes ces prédictions du Barometre n'étoient pas ordinairement si sûres en Hiver qu'en Eté.

II. On a imaginé différentes machines pour mesurer la sécheresse & l'humidité de l'air qu'on nomme *Higrometres* : On suspend horizontalement par ses deux bouts une corde de chanvre le long d'un mur dans un lieu qui communique à l'air du dehors, on la moüille bien & on la tend le plus fortement qu'il est possible, on attache à son milieu un indice qui marque le long d'une ligne perpendiculaire à l'horison, peinte sur le mur, & divisée en plusieurs parties les degrés de sécheresse & d'humidité de l'air. Car à mesure que son humidité diminuë, la corde s'alonge, & se disposant en arc, l'indice qu'elle porte à son milieu, baisse ; & plus l'indice baisse, plus le tems est sec ; & au contraire.

AB, *GN*, *IL*, (fig. 43) sont trois cercles de fer blanc de trois pouces de diamétre, dont le premier *AB* eſt diviſé en pluſieurs parties égales, comme en 24 ; ces cercles ſont ſoudés à deux morceaux de fer blanc *AC*, *BD*, de trois pouces de haut. *EHF* eſt une corde de boïau qui paſſe librement par les centres des trois cercles, fixe en *F*, & qui porte un indice à ſon extrêmité *E*. Quand l'air eſt ſec, la corde *FE* ſe tord & nous avertit du beau tems, & quand elle ſe détord, c'eſt une marque que l'air eſt humide, ce qui eſt un ſigne de pluïe. Cet Higrometre eſt portatif, & très-ſenſible au moindre changement de tems qu'il prédit quelque jours avant qu'il arrive.

III. Pour connoître les différences du chaud & du froid, qui arrivent à l'air ou à l'eau ou dans quelqu'autre liqueur que ce ſoit, on a inventé un autre

inftrument qu'on nomme *Ter-
momètre*. On conftruit de cette
forte celui de Florence ou de
Sanctorius, dont on fait commu-
némént ufage. *A*, (fig. 44) eft
un globe de verre d'environ
deux pouces de diamétre, *BC*
un tuyau foudé à l'orifice du globe, de trois pieds de long, &
d'environ deux lignes de diamétre, dans lequel on fait entrer
jufqu'au fond un petit fil de fer,
puis à l'aide d'un entonnoir de
verre on remplit la bouteille
d'efprit de vin, qu'on colore en
y faifant difloudre un peu de
vitriol bleu & d'efprit de fel am-
·moniac. Aïant plongé la bouteille dans de l'eau froide, on
continuë, en tirant & repouffant
le fil de fer, de la remplir d'efprit de vin jufqu'à la hauteur *O*
du tiers du tuyau. Puis ayant retiré le fil de fer du tuyau, & la
boule de l'eau froide, on l'échauf-

se jusqu'à ce que l'esprit de vin soit monté dans le tuyau à un pouce près de l'orifice *C*, que l'on bouche à la lampe de l'Emailleur. Le Termometre étant ainsi construit, on l'attache sur une planche graduée que l'on pend dans un air libre exposé au Nord.

Dans un tems chaud la superficie de la liqueur monte vers *C* audessus du point *O*, qui est le degré du froid déterminé, & elle descend du point *O* vers *B* lorsque le froid augmente.

Pour rendre cet Instrument plus commode dans les expériences de Chimie, on fait en sorte que la partie inférieure de la planche qui renferme la bouteille puisse se détacher de la supérieure, & que l'ayant ôtée on puisse faire en sorte d'enfoncer la boule du Termometre dans le vaisseau qui contient la liqueur que l'on veut éprouver.

IV. Les Termometres cons-
truits de cette forte, ont trois défauts principaux, ainſi que M. de
Reaumur l'a remarqué (Mem.
de l'Ac. 1730.)

Le premier eſt qu'on ne peut
connoître par leur moyen la différence du chaud & du froid de
différens lieux, à cauſe qu'il eſt
incertain , & comme impoſſible
de ſavoir ſi l'on eſt parti en les
conſtruiſant d'un même degré
de froid ; Et que tout l'uſage
qu'on en peut tirer eſt de connoître groſſierement qu'il fait
plus ou moins chaud , ou froid,
dans le même lieu , en un tems
qu'en un autre.

Le ſecond eſt que quoique
deux de ces Termometres ayent
pû être conſtruits ſur un même
degré de froid , & être diviſés de
la même façon , étant poſés l'un
contre l'autre , leurs marches ne
ſeront pas pour cela égales ; ils

ne monteront pas au même degré , quoiqu'ils foient expofés à
un même dégré de chaud ou de
froid , à caufe que la *dilatabilité*
de l'efprit de vin , dont on fe fera
fervi dans la conftruction de l'un,
ne fera pas égale à celle de l'efprit de vin dont on fe fera fervi
dans la conftruction de l'autre.

Le troifiéme défaut eft que
quand même on fe feroit fervi
du même efprit de vin , les deux
Termometres conftruits au même degré de froid , étant mis à
côté l'un de l'autre , ne marqueront pas néanmoins le même dégré , à caufe qu'il eft comme impoffible que les deux tuvaux de
verre foient égaux , qu'ils ayent
avec leurs boules la même proportion , ni qu'un même tuyau
ne foit pas plus large à un endroit qu'à l'autre. Ainfi quoique
les divifions des tuyaux foient é-
gales, ils n'indiqueront pas néau-

moins des degrés égaux de chaud & de froid.

Pour remédier à ces défauts, M. de Reaumur ne prend pas pour point fixe celui de la chaleur de l'eau boüillante : mais celui de la *Congélation* de l'eau par le sel. Il donne ensuite un moyen facile d'avoir en tous lieux un esprit de vin dont la *dilatabilité* soit égale. Après quoi il se sert d'une petite mesure M (fig. 45.) formée à la lampe de l'Emailleur avec un petit tuyau de verre qu'on élargit par le milieu, & dont on réduit les deux bouts $A. B.$ en tuyaux capillaires. On remplit cette mesure en suçant par un bout la liqueur dans laquelle son autre bout trempe; étant pleine on bouche l'orifice du tuyau avec la langue, & l'eau sort par l'autre bout, aussitôt qu'on la retire.

Pour avoir plutôt fait, on a

deux autres mesures : *N*, *O*, sont
de petites bouteilles de verre ,
dont l'une *N* contient 5 des
premieres mesures *M*, & l'autre *O*, 4 des secondes ou 20 des
premieres. On se sert de la premiere mesure *M*, qu'on remplit
d'eau à chaque fois , pour mesurer celle de 5 , de celle de 5
pour mesurer celle de 20 , & de
celle de 20 pour remplir la boule du Termometre. On marque
très exactement avec un fil *CD* ,
qui entoure le col de chacune
des bouteilles , l'endroit où se
termine la superficie de l'eau.

Le tuyau du Termometre (fig.
46.) doit être long d'environ
40 pouces , & de deux lignes de
large de dedans en dedans. Il
faut que la petite mesure *M* dont
on doit se servir , soit telle qu'il
en entre 5 dans environ un pied
du tuyau. La boule du Termometre doit être assez grosse pour

contenir 200 de ces petites mesures.

Pour graduer le Termometre
on le remplira de 200 petites
mesures d'eau ; c'est-à-dire, qu'à
l'aide d'un petit entonnoir de
verre (fig. 47.), qu'on mettra au
haut du tube, on versera dans la
boule, 10 mesures O de 20, d'eau
pure, & on y jettera de petits
morceaux de verre jusqu'à ce
que la superficie de l'eau s'éleve
dans le tuyau à la hauteur G
d'environ un pied. On aura
grand soin de marquer avec
un fil dont on entourera le tuyau,
le point G où la superficie de
l'eau sera parvenuë.

De ces 200 mesures on en
ôtera d'abord 5, ce que l'on fera
aisément en versant dans la mesure M de 5 la partie convenable
de l'eau qui est dans la boule,
& l'on marquera avec un autre
fil H l'endroit où la superficie de

l'eau fera parvenuë. Puis on placera le Termometre fur la planche qui doit le porter, couverte d'un papier blanc, propre à recevoir les divifions ; on l'y attachera avec de petits fils de laton , & on aura d'abord foin de marquer fur le papier les points 0 , & 25 vis-à-vis des fils *G. H.*

Après cela on remplira de vif-argent la petite mefure *M* , que l'on verfera dans la boule , & qui élevera dans le tuyau la fuperficie de l'eau jufqu'à un autre point 20, que l'on marquera fur le papier ; l'on réiterera cette opération jufqu'à ce que la fuperficie de l'eau foit parvenuë au haut du tuyau.

Enfin on fubdivifera ces premieres divifions , foit qu'elles foient égales ou inégales , chacune en 5 parties proportionnelles & le Termometre fera gradué.

Après le point cotté o, qui
marquera le degré de la congélation, viennent en montant
les points cottés 5. 10. 15. &c.
qui marqueront les degrés de la
dilatation, ou du chaud. Les in-
férieurs marqueront ceux de la
condensation ou du froid. On po-
sera 1000. de l'autre côté, vis-à-
vis le point o, ce nombre marquera que le volume de l'esprit
de vin étant au point o, est 1000.
Etant au-dessus aux points 5,
10, 15, &c. est 1005, 1010,
1015, &c. Etant au-dessous aux
points 5, 10, 15, &c. est 1000
moins 5 ou 995, 1000 moins
10, ou 990 1000 moins 15,
ou 985, &c.

Ensuite on détachera le Termometre de la planche, on en
fera sortir l'eau & le vif-argent
dont on l'avoit rempli, & on aura soin de remettre dans le Termometre les petits morceaux de

verre après les avoir fait sécher. Puis on remplira le Termome-tre de l'esprit de vin préparé, dont nous parlerons ci-après, jusqu'à trois ou quatre lignes au-dessus du point o. Ensuite on mettra la boule dans un vase cilindrique de fer blanc, que l'on remplira d'eau, & celui-ci dans un autre plus large, que l'on achevera de remplir de glace bien broyée & mêlée avec du sel, on étendra sur le tout un linge, & on mettra sur ce linge une couche de glace, & pardes-sus plusieurs torchons.

A mesure que le mélange de sel & de glace fondra, l'eau qui est dans le petit vase, où est la boule du Termometre, se géle-ra, & fera descendre l'esprit de vin jusqu'au point *H*. Si la su-perficie de l'esprit de vin est des-cenduë plus bas, on y ajoûtera la quantité dont il s'en faut, avec un tuyau capillaire qu'on rem-

plit en fuçant ; si elle est demeurée plus haut, on ôtera le
surplus, ou en le fuçant avec le
tuyau capillaire, ou s'il n'y en a
que très-peu à ôter, on engage-
ra le bout d'un fil dans un grain
de plomb, que l'on introduira
dans le tuyau, & qui en deux ou
trois reprises, enlevera ce qui
est de trop.

On fondra ensuite la glace
avec de l'eau chaude, pour retirer le Termometre du vase, &
il ne s'agira plus que de boucher
son orifice *C*. Pour cet effet on
mettra la boule du Termometre
dans de l'eau qu'on fera chauffer
peu à peu. L'esprit de vin s'élevera, l'air sera chassé du reste du
tuyau, & sortira par son bout
ouvert *C*, que l'on bouchera très-
exactement avec un mélange de
cire & de térébenthine, quand
l'espace occupé par l'air n'en paroîtra contenir que la quantité
qu'on

qu'on y veut laisser , & il est
mieux qu'il en reste un peu. On
pourra aussi le sceller hermétiquement en réduisant le bout *C*
en tuyau capillaire que l'on fera
fondre brusquement à la lampe
de l'Emailleur.

V. A l'égard de l'esprit de vin
M. de Reaumur en ayant mis 400
mesures dans un petit matras
(fig. 48) qui est une bouteille de
verre à long col , dont il ne faut
pas que le ventre soit une boule,
& le matras dans l'eau chaude.
M. de Reaumur, dis-je, a obser-
vé que l'esprit de vin boüilloit &
s'élevoit bien haut avant que
l'eau eût commencé à boüillir ;
mais qu'en le retirant de l'eau ,
il avoit cessé de boüillir , & s'é-
toit élevé depuis la marque *C*,
où il étoit avant que d'avoir
été mis dans l'eau chaude, jusqu'en *F*. Qu'ensuite l'ayant remis dans l'eau chaude , & l'ayant

M

retiré aussi-tôt qu'il commençoit à boüillir, il s'étoit arrêté plus haut en *G*. Que répétant un certain nombre de fois la même opération, l'esprit de vin parvenoit enfin à un point d'élévation *I*, qu'il n'excedoit plus ; Et que l'esprit de vin rafiné ne s'élevoit pas si haut que celui qui ne l'étoit pas tant.

Pour tirer avantage d'une si belle découverte, M. de Reaumur ayant colé un papier blanc le long du col du matras, & y ayant versé 400 mesures d'eau, & marqué avec un fil l'endroit *G* où elles parvenoient, en continuant d'y verser 3 5 ou 4 0 mesures de vif-argent, une à une, marquant à chaque fois le point où la superficie de l'eau parvenoit, il a eu un matras gradué, par le moyen duquel il a connu que le plus pur esprit de vin qu'il ait pû trouver à Paris, ré-

duit par la congélation de l'eau
à la marque *C* ou o de 400 mefures, s'étoit rarefié par la chaleur de l'eau boüillante jufqu'à
occuper un volume de 435 mefures, & que 400 mefures d'eau
de la Seine, prête à geler, ne fe
font rarefiées en boüillant que
jufqu'à occuper un volume de
415 mefures.

M. de Reaumur veut que pour
fon Termometre on choififfe un
efprit de vin dont 400 mefures
prifes au point de la congélation, n'occupent en fe rarefiant
par la chaleur de l'eau boüillante, que le volume de 432 mefures ; d'où il s'enfuivra que
1000 mefures en occuperont un
de 1080 par la chaleur de l'eau
boüillante.

Pour compofer cet efprit de
vin, qui eft au-deffous du titre
de ceux que l'on trouve communément, il n'y a qu'à mêler

celui dont on aura fait l'épreuve avec une certaine quantité d'eau qu'il détermine de cette sorte.

Sçachant par expérience que 400 mesures d'eau prête à geler, augmentent de 15 par l'ébullition, on dit 15 de 32, reste 17.

Posons que les 400 mesures de l'esprit de vin condensé par la congélation, qu'on aura essayé, montent par la chaleur de l'eau boüillante à 435, ôtant 32 de 35, reste 3.

Les différences trouvées 17, 3, feront connoître que si sur 17 parties de l'esprit de vin qu'on a essayé, on y en mêle 3 d'eau, on aura l'esprit de vin requis pour le Termometre.

Dans ce Termometre le point 0 où 1000 marque le terme de la congélation de l'eau. Le degré 80 marque celui de la chaleur de l'eau boüillante. Le point 10 $\frac{1}{4}$ marque le degré conſtant de l'état de l'air qu'on a obſervé depuis long-tems dans les caves de l'Obſervatoire, où il demeura même durant tout l'hiver mémorable de 1709. & durant le plus grand chaud de l'année 1706. Le degré $14\frac{1}{4}$ au-deſſous de la congêlation o, marque le plus grand froid de l'année 1709. déterminé par le Termometre de l'Obſervatoire. Et le degré $29\frac{2}{3}$ au-deſſous de o, marque le plus grand chaud des années 1706. 1707. 1724.

Ce Termometre étant mis dans un mélange de glace broyée & de ſalpêtre bien rafiné, ne deſcend par le froid que juſqu'au degré 3. audeſſous du degré o de la congélation; Et dans un mélange de glace broyée & de ſel marin, il deſcend juſqu'au degré 15. D'où M. de Reaumur a tiré un moyen très-exact d'éprouver la poudre à canon. Car fi en la mêlant avec de la glace broyée, ce mélange ne fait defcendre le Termometre qu'au degré 4 ou 5 au-deſſous du point o, le falpêtre dont on l'aura compofée, ne contiendra que fort peu de fel marin, & elle fera bonne. Au contraire fi le Termometre defcend jufqu'au degré 6 ou 7, elle contiendra beaucoup de fel marin, ce qui la dégrade.

M. de Reaumur tire encore de fes expériences un moyen très-exact d'éprouver les eaux de vie, à l'aide de fon matras gradué.

Car fi l'on convient une fois d'une bonne eau de vie, telle qu'étant réduite par la congélation à occuper 400 mefures, en occupe par exemple 430, par la chaleur de l'eau boüillante. Si l'eau de vie qu'on veut éprouver, étant auſſi réduite par la congélation à occuper 400 mefures, n'en occupe par la cha-

leur de l'eau boüillante que 4275
en ôtant la raréfaction de l'eau,
qui eſt 15, de 27, reſte 12, &
ôtant 27 de 30 reſte 3. Les différences 12, 3, indiqueront que
pour réduire la bonne eau de
vie à celle qu'on eſſaye, il faut
ſur 12 parties en mettre 3 d'eau.
Par où l'on connoît que 15 pintes de l'eau de vie qu'on eſſaye,
n'en vaut que 12 de la bonne ;&
qu'ainſi ſi l'une vaut 15 ſols la
pinte, l'autre n'en vaudra que 12.

PROPOSITION IV.

L'Air ne peut être un milieu formé
de petites parties branchuës, ni
de petites lames contournées en
limaçon.

Deſcartes n'ayant pas connu
par l'expérience les proprietés
de l'air dont la machine du vuide nous a inſtruits, on ne doit
pas être ſurpris qu'il ſe ſoit con-

tenté de confiderer ce milieu comme un compofé de petites parties branchuës qui nageoient dans un fluide extrémement délié. Mais il eft étonnant que ceux-là même qui ont déterminé avec le plus d'exactitude la pefanteur de l'air, fa lubricité, fon reffort, fa prodigieufe dilatabilité, &c. ayent retenu l'idée de Defcartes, ou fe foient contentés de transformer fes parties branchuës en de petites lames contournées en limaçon, & d'attribuer à ces branches entrelaffées, ou à ces lames entortillées, cette vertu furprenante de fe déployer comme d'elles-mêmes, ou de s'étendre comme un reffort de Montre, lorfqu'elles ceffoient d'être comprimées, jufqu'à occuper 13 ou 14 mille fois plus d'efpace qu'elles n'en occupent ordinairement. Comme fi c'étoit expliquer un effet fi furprenant, que

de

de le tranfporter du tout, où on
l'apperçoit, à fes parties infenfibles dont on cherche à déterminer la nature, & aufquelles
on doit par conféquent attribuer
une plus grande fimplicité qu'au
tout qu'elles compofent.

Car que nous difent-ils autre
chofe par là ? finon, que l'Air eft
élaftique, parce que les parties
dont ils le forment font élafti-
ques, fans nous dire pourquoi
elles le font. Qu'il fe dilate &
fe condenfe merveilleufement,
parce que chacune de fes parties
fe dilate & fe condenfe propor-
tionnellement, fans nous indiquer ce qui peut rendre ces petites branches, ou ces petites lames fufceptibles de cette grande
dilatabilité & de cette compreffibilité que nous admirons dans
l'Air, & qui ne doit pas être
moins admirée dans les parties
de l'Air.

N

On éprouve que lorſqu'un paquet de crin, ou qu'un reſſort de montre demeurent comprimés durant un certain tems, les filets de crin & le reſſort perdent leur vertu élaſtique, & cela d'autant plus promptement qu'ils ſont plus fortement comprimés. Comment ſe peut-il donc faire que ces petites lames à reſſort, dont on ſuppoſe que l'Air eſt compoſé, étant ſi prodigieuſement comprimées, & perſiſtant dans cet état de compreſſion depuis l'origine du monde juſqu'à préſent, ayent pû néanmoins conſerver une ſi grande facilité à ſe déployer avec tant de force & de promptitude dans un eſpace 13 ou 14 mille fois plus grand que n'eſt celui qu'elles occupent ordinairement ? On ne le comprendra jamais.

D'ailleurs l'Air eſt très-fluide, ſa lubricité eſt extrême, le moindre coup d'aîle d'une mouche le fend, & en sépare les parties avec une agilité merveilleuse. Comment concevoir que des parties branchuës, diversement entrelassées, & si prodigieuse-ment bandées les unes contre les autres, pourront néanmoins se détacher si facilement les unes des autres, se mouvoir en tous sens avec une extrême liberté, comme s'il n'y avoit rien qui les comprimât, qui les resserrât, & qu'elles ne fussent pas entrelas-sées ?

Il n'est donc que trop évident que l'Air des Cartésiens est une chimere ; que l'idée qu'ils se forment de ce milieu comparé à ce que l'expérience nous dit de l'air, implique contradiction, & que par conséquent leurs raisonne-mens fondés sur un tel principe sont autant de paralogismes qui les induisent à erreur.

N ij

D'où il suit enfin que toutes ces branches, toutes ces lames, toutes ces suppositions en un mot, dont on ne connoît point l'origine, que l'imagination seule a enfanté, qui non-seulement renferment toute la difficulté que l'on cherche à éclaircir, mais qui ne satisfont pas même aux principales circonstances de l'effet pour l'explication duquel on veut les employer, & qui supposent un mécanisme plus difficile à déterminer que l'effet même, doivent être absolument rejettées. Donc, &c. C. Q. F. D.

REMARQUE.

Les Géometres, pour avoir lieu d'employer le calcul dans la Phisique, pourront bien supposer par exemple, que les molécules de l'air ne sont que de simples superficies sphériques très-minces & doüées d'une certaine

vertu capable d'étendre ses vésicules jusqu'à occuper, selon la
supputation de Boile, un espace
510 mille fois plus grand que
n'est celui où elles peuvent être
réduites ; & comme cette vertu
élastique, étant supposée comme
un premier principe, la matiere
qui pourroit être contenuë dans
la capacité des vésicules, nuiroit
à cette supposition, que ces vésicules ne pourroient s'étendre
ni se resserrer avec la facilité
requise, si elles étoient toujours
pleines ; les Géometres peuvent
bien encore supposer ces vésicules vuides, pour ne pas trop
embrasser de difficultés à la fois,
& déterminer par leur moyen
les autres effets de l'air ; comme
M. Newton a déterminé géométriquement le mouvement des
Planetes, en supposant en elles
une vertu attractive, qui croît
& décroît en raison inverse du

quarré de la diftance, & en def-
tituant les efpaces céleftes de
toute matiere, laquelle auroit
nui à fa fuppofition. En effet il
n'y a rien là qui ne foit très-lé-
gitime ; car c'eft vifiblement,
pour ne pas trop embraffer de
difficultés à la fois, que l'on fait
de ces fortes de fuppofitions, &
ce qu'on détermine par leur
moyen ne peut être que d'un
fecours important à la Phifique.

Mais de vouloir enfuite réali-
fer ces fuppofitions purement
géométriques, & de s'imaginer
que ces véficules de l'air, &
la vertu élaftique indépendante
du mécanifme qu'on leur attribuë, font des effets réels, quoiqu'on ait détruit le principe ma-
teriel d'où ils pourroient procéder, en introduifant le vuide qui
ne peut être capable de rien,
ce feroit trop vifiblement remplir de nouveau le monde d'une

infinité de je ne fçai quoi, d'êtres
de raifon, d'êtres métaphifiques,
de vertus abftraites, dont nous
nous fommes heureufement dé-
fabufés depuis plufieurs années,
& aufquelles il n'y a pas d'apparence que des Phificiens tant
foit peu raifonnables puiffent jamais férieufement recourir.

Ce n'a pas non plus été là le
deffein de M. Newton, quand il
a parlé de l'attraction, de la ré-
pulfion & du vuide ; puifqu'il
nous avertit expreffément &
avec grande raifon, de ne pas
donner dans cet écuëil : *Voces
autem*, dit-il dans fes Principes,
pag. 5, *Attractionis, Impulfûs,
vel Propenfionis cujufcunque in cen-
trum, indifferenter & pro fe mutuo
promifcuè ufurpo ; has vires non
PHISICE fed MATHEMATI-
CE tantum confiderando. Unde,*
ajoûte-il tout de fuite, *caveat*

N iiij

lector, ne per hujusmodi voces cogitet me speciem vel modum actionis causamve aut RATIONEM PHISICAM alicubi definire, vel centris (quæ sunt puncta mathematica) vires VERE & PHISICE tribuere ; si forte aut centra trahere aut vires centrorum esse dixero.

Les découvertes qu'ont fait & que peuvent faire les Mathématiciens à l'aide de ces suppositions géométriques, ne sont donc visiblement, pour ainsi dire, que des pierres d'attente pour la Phisique, & dont on pourra faire un bon usage lorsqu'on aura déterminé la cause mécanique qui fournira les forces métaphisiques que les Géometres ont supposées, ausquelles on pourra aisément la substituer. Après quoi tout ce qu'ils en auront déduit subsistera dans la Phisique.

PROPOSITION IV.

L'Air, confideré dans fon état le plus fimple, eft un milieu formé de petits tourbillons du troifiéme élément, qui ont un globule pefant à leurs centres.

Il eft clair que les molécules de l'air doivent avoir une conftruction particuliere ; il eft donc néceffaire de la déterminer. Mais ne faut-il avoir égard dans la détermination de cette conftruction qu'à la feule infpection des propriétés de l'air, comme on a tenté de le faire jufqu'à préfent? Si cela eft il faudra néceffairement former au fujet de l'air une hipothefe nouvelle, & l'on fera porté d'en faire autant pour l'eau, pour l'huile, & pour chacun des autres objets qui frappent notre vûë ; de forte que fi l'on fuit cette méthode, on introduira dans la Phifique autant de différentes hipothefes qu'il y a d'objets à confiderer. Ce qui eft un inconvenient qu'on a déja repris depuis long-tems dans le fiftême de Ptolomée, touchant le mouvement des Aftres , & qui a enfin porté les Philofophes à le rejetter , malgré toutes les impreffions des fens fur lefquelles il étoit fortement appuyé , pour prendre celui de Copernic, dont les principes font plus fuivis , & dépendent mieux d'une premiere caufe. Il eft donc néceffaire avant que de fe déterminer fur la nature de l'Air, de voir fi nous ne pourrions pas bien la déduire des principes déja établis.

Nous avons vû (Pr. 4. 6) que le globe de la Terre n'a pû s'être formé , felon les loix des Mécaniques, au centre de fon grand Tourbillon , qu'en même tems

plusieurs petits globes durs & pesans ne se soient formés aux centres de la plûpart des petits tourbillons, dont le grand tourbillon
de la Terre est nécessairement
composé ; & que ces petits tourbillons chargés chacun d'un globule pesant, étant descendus
d'un lieu très-élevé jusques dans
l'atmosphere de la Terre, devoient (Pr. 11. 6) être considerés
comme des tourbillons composés des petits tourbillons de l'é-
ther qui formoient les couches
inférieures du tourbillon terres-
tre ; & que cette remarque nous
a fourni la solution de plusieurs
grandes difficultés qui offus-
quoient la Phisique generale.

S'il est donc vrai, comme nous
l'allons démontrer dans les Propositions suivantes, que l'amas
de ces petits tourbillons du troisiéme élément possede toutes les
proprietés que l'expérience nous

oblige d'attribuer à l'Air ; & que chacune de ces propriétés ne soit en effet qu'une conséquence mécanique de celles qui conviennent en propre à ces petits tourbillons; ne serat-il pasévident que cet amas de petits tourbillons du troisiéme élément composés de petits tourbillons du second, sera en effet l'air même que nous cherchons , & dont on n'a pû encore déterminer la nature ; or c'est ce que nous allons faire dans les Propositions suivantes. Donc, &c. C. Q. F. D.

PROPOSITION V.

L'Air, l'Eau, l'Huile, le Vif-argent, & généralement tout ce que nous nommerons Fluide, ne peut être autre chose qu'un milieu composé de petits tourbillons. Et un milieu composé de petits tourbillons qui se balancent librement est un fluide.

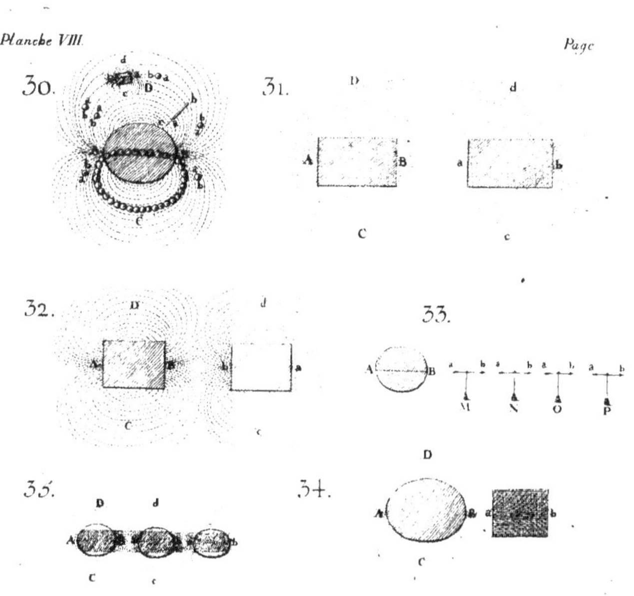

Mallet delin.¹ et Sculp.¹

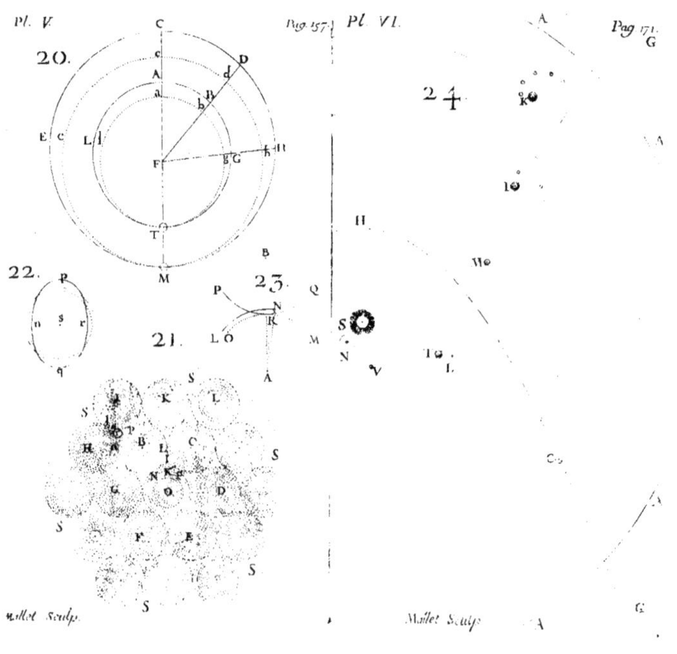

Pl. V.
Pag. 157.
Pl. VI.
Pag. 171.
20.
22.
23.
21.
24.
Millet Sculp.
Millet Sculp.

[illegible]

L'expérience apprend que l'Air
est très-fluide ; s'il est donc vrai
qu'un fluide ne puisse être autre
chose qu'un amas de petits tourbillons , il sera démontré que
l'Air est un amas de petits tourbillons,

On a quelque fois donné le
nom de *fluide* à des milieux di-
visés en de très-petites parties
très-disposées à se mouvoir, comme à un monceau de sable que
l'on nomme mouvant , & qu'on
ne doit néanmoins considerer
que comme étant un composé
de parties très-disposées à se
mouvoir ; mais commé il arrive
que lorsqu'on pose dans un tel
milieu un globe de plomb ou de
liége , qui pése plus ou moins
qu'un pareil volume de ce milieu, le globe ne monte ni ne
descend pas à travers ce milieu
par un mouvement acceleré ,
comme il arrive lorsqu'on le

plonge dans l'eau , dans l'huile, dans le vif - argent, &c; nous n'attribuërons pas la qualité de fluide à un monceau de fable, ni de millet : mais nous dirons feulement pour une plus grande diftinction , que ces fortes de corps font *fecs* , refervant le nom de *fluide* pour ceux à travers lef-quels des corps, qui pefent plus ou moins qu'un pareil volume de leurs parties , defcendent ou montent par un mouvement ac-celeré ; d'autant mieux qu'on ne peut douter que cette pro-priété ne convienne à l'Air qui nous environne.

Or quoique (Pr. 13. 4) nous ayons tâché d'expliquer com-ment on pouvoit concevoir qu'un mobile montoit ou def-cendoit dans un milieu compofé de globules durs , fans attribuer à ces globules aucun mouve-ment actuel qui leur fût propre ;

mais feulement une grande difpofition à fe mouvoir vers où ils
trouvent moins de réfiftance ; il
faut cependant obferver que
nous ne l'avons fait qu'en vertu
d'une fuppofition purement géo-
métrique, qui peut fort bien ne
pas fe trouver dans la Nature :
ou plutôt, qui peut exiger des
conditions dont nous n'avons
pas voulu parler alors, pour ne
pas trop embraffer de difficultés
à la fois.

Car afin que les globules, qui
forment un fluide, ayent toute
la facilité poffible de fuivre les
mouvemens que nous y avons
détaillés, condition abfolument
néceffaire à l'effet que nous y
avons expliqué, ni la dureté,
ni le repos ne peuvent leur convenir ; & la fimple tendance au
mouvement, que leur pefanteur
leur procure , n'y peut fuffire.

Que l'on rempliffe un tuyau

de globules si fins , si polis que
l'on voudra , & si on le veut ,
aussi pesans que du plomb, si ces
globules n'ont aucun mouvement les uns à l'égard des autres,
& qu'ils ne fassent que peser les
uns sur les autres , l'expérience
apprend que jamais le mobile
qu'on y aura enfoncé, ne pourra
ni y monter , ni y accelerer son
mouvement , quand même ce
ne seroit qu'un globe de verre
très-mince rempli d'air. Ce mobile restera tranquile au lieu où
on l'aura posé dans ce milieu ,
comme s'il pesoit autant qu'un
pareil volume du milieu. Et pour
le faire monter, il faudra nécessairement sasser & resasser les
globules contenus dans le tuyau,
& leur donner du mouvement
en tout sens. Encore ce mouvement sera-t'il peu propre à lui
faire accelerer sa vitesse, d'une
façon réguliere telle que nous
l'éprouvons

l'éprouvons dans l'air, dans l'eau, dans l'huile , dans le vif-argent , &c. Il faut donc nécessairement que les parties des corps , dans lesquels nous remarquons cet effet , & auxquels nous avons restraint le nom de fluide , soient en mouvement ; que ce mouvement y soit continuel & uniforme ; & qu'il s'étende aux moindres parties sensibles du fluide ; puisqu'une goute d'eau n'est pas moins fluide que toute la mer.

Or, dans un milieu, le mouvement ne peut y être uniforme & permanent, s'il n'est en tourbillon ; nous l'avons démontré (Pr. 3. 3). Donc la moindre goute sensible d'un fluide , ou est un tourbillon, ou un amas de tourbillons ; ce ne peut être un seul tourbillon. Car on peut encore diviser une goute sensible d'eau , par exemple, sans qu'elle cesse d'être eau; c'est donc

un amas de très-petits tourbillons, C. Q. F. d'abord D.

La forme de petits tourbillons
étant une fois admife dans les
parties du fluide, il eft clair que
cette difpofition leur donne toute la facilité poffible de fe mouvoir vers l'endroit où elles trouvent le moins de réfiltance, qui
eft la condition requife (Pr 13. 4)
pour l'afcention ou la defcente
du mobile qui eft plongé dans le
fluide. Car les tourbillons fe balançant mutuellement par leurs
forces centrifuges, il eft clair
qu'un feul petit tourbillon foutient par fon élafticité l'effort
de tous les autres, quelque grand
qu'il puiffe être, n'y ayant pas
plus de raifon qu'un de ces petits tourbillons foit plus affeffé
ou comprimé que tout autre qui
lui eft égal ; or la force élaftique
d'un feul petit tourbillon étant
en équilibre avec celle de tous

les autres ; Et felon les loix des Mécaniques lorfque deux forces fe balancent, la moindre augmentation de force d'une part rompant l'équilibre, c'eft tout comme fi ces forces n'exiftoient pas, & que les tourbillons ne fuffent pas comprimés D'ailleurs ces petits tourbillons peuvent aifément changer de grandeur & de figure, & font tous comme de petits corps animés, difpofés à fe porter comme d'eux mêmes au lieu d'où le mobile tend à fortir. D'où il fuit que quelques grandes que foient les forces centrifuges avec lefquelles ils fe balancent, à l'égard d'un mobile qui traverfe le milieu que ces petits tourbillons compofent ; c'eft tout comme fi ces forces, qui font mutuellement en équilibre, n'exiftoient pas.

On peut donc affurer enfin qu'il n'eft pas moins impoffible

de concevoir, tant dans le fiftême du vuide que dans celui du
plein, qu'un mobile monte, &
defcende ou fe meuve en tout
autre fens dans un fluide tel que
l'air, ou l'eau, ou le vif-argent,
&c. & y accelere fon mouvement, fans fuppofer que les parties de ce fluide font de petits
tourbillons, qu'il l'eft de concevoir qu'une montre puiffe aller
fans refforts ou fans poids.

Un fluide tel que l'air, ou l'eau,
ou l'huile, ou le vif-argent, &c.
ne peut donc être, de même que
l'Ether, qu'un milieu compofé
de petits tourbillons. Et un milieu compofé de petits tourbillons qui fe balançant mutuellement, ne s'entretouchent jamais qu'en un feul point, fera
donc néceffairement un fluide.
C. Q. F. D.

PROPOSITION VI.

*L'Air étant un amas de petits tour-
billons du troisiéme élément composés de petits tourbillous du second, sera pesant, fluide, lubrique, transparent, & porreux.*

Car 1°. l'Air que je considere
d'abord ici dans sa plus grande
simplicité, faisant abstraction des
particules hetherogenes dont il
est ordinairement chargé, &
dont nous parlerons dans la suite,
étant supposé comme un amas
de petits tourbillons, qui ont
chacun à son centre un globe
pesant, & qui sont composés de
petits tourbillons du second elément ou de l'Ether, sera donc
pesant ; nous l'avons démontré
(Pr. 5. 6).

2°. Et puisque l'air est un milieu formé de petits tourbillons,
& que (Pr. 5) un tel milieu est

fluide, l'air fera donc *fluide*; &
fa lubricité fera auffi grande que
l'expérience nous apprend qu'-
elle l'eft, nonobftant fa pefanteur & fa prodigieufe élafticité.
Car tous les petits tourbillons,
dont il eft formé, fe balançant
entr'eux par leurs forces centrifuges particulieres,&l'un ne pouvant pas être affefté plutôt que
l'autre par l'effort de fes voifins,
il s'enfuit qu'ils ne le ferontpoint
du tout, puifqu'ils ne fe toucheront qu'en un point. Que ceux
qui compofent la premiere couche la plus voifine de la fuperficie de la Terre, quoique chargés du poids de tous les autres,
auront une force centrifuge capable de foutenir tout cet effort,
quelque grand qu'il puiffe être;
puifque felon les loix de la circulation expliquées dans les Leçons précédentes, cette force fe
diftribuë toujours dans tous les

points d'un grand tourbillon, de telle façon que l'équilibre en réfulte néceffairement.

Or felon les loix des Mécaniques, lorfque deux forces font en équilibre, elles font à l'égard d'une troifiéme qui y furvient, quelque petite qu'elle puiffe être, comme fi elles n'étoient point.

Le moindre coup d'aîle d'une mouche peut donc rompre l'équilibre qui eft entre les petits tourbillons de l'air; de la même façon qu'un feul grain de plomb mis dans un des baffins d'une balance qui feroient chacun chargés de cent livres pefant la feroit trébucher fi elle étoit tout-à-fait exempte de frottement.

La mouche peut donc fe mouvoir dans l'air fans empêchement, & il fuffit pour cet effet qu'elle péfe plus qu'un pareil volume d'air, comme nous l'avons expliqué (Pr. 9. 5).

3°. L'expérience apprend que l'air est un milieu très-transparant & très-porreux ; mais il ne faut pas pour rendre raison de ces effets avoir recours à des lames contournées, ni à des branches confusément entrelassées, dont l'origine nous seroit éternellement inconnuë ; qui priveroient l'air de sa parfaite lubricité, sans lui procurer en aucune sorte la transparence dont nous parlons, & qui tendroient plutôt à la lui ravir. Il faut seulement continuer à penser que les molécules de l'air sont de petits tourbillons, qui ont chacun à leur centre un globule pesant, dont le diamétre est très-petit, par rapport à celui du tourbillon qui le contient : comme le diamétre de la Terre est cent fois plus petit que celui de son tourbillon. Car cela suffit pour concevoir que les petits tourbillons

de

de l'Air péfent ; Et que ces tourbillons de l'air font compofés,
comme nous l'avons déja dit, de
petits tourbillons de l'éther, ou
du fecond élément, qui eft le
milieu qui fert à tranfmettre
l'action des corps. lumineux ,
ainfi que nous l'expliquerons
dans la fuite ; Puifqu'il fuit de
là que les globules opaques qui
font aux centres de ces petits
tourbillons , étant à proportion
de leur grandeur très-écartés les
uns des autres , & écartés à égale
diftance , n'interrompront pas
l'action d'un grand nombre de
rayons de lumiere qui pourront
aifément pénétrer l'air en tout
fens. Ainfi l'Air fera en même
tems pefant, lubrique, tranfparent & poreux ; car on appelle
pores des efpaces compris entre
des parties du troifiéme élément,
qui ne font ordinairement remplis que de la matiere du fecond

élément. Donc , &c. C. Q. F. D.

PROPOSITION VII.

L'Air, tel que nous l'avons déterminé, fera capable d'une grande élasticité. Mais son élasticité fera beaucoup moindre que celle de l'Ether.

Car l'Air étant un milieu composé de petits tourbillons, & (Pr. 7. 3) un milieu composé de petits tourbillons étant élastique, ou ses parties tendant à s'étendre & à reprendre promptement sa figure ronde lorsqu'elles cessent d'être comprimées , & d'autant plus promptement que les tourbillons sont plus petits ; L'Air, dont les tourbillons qui le forment, sont très-petits, sera donc pourvu d'une grande élasticité. Et il ne sera pas nécessaire de supposer deformais cette élasticité dans les parties de l'Air fans la comprendre ,,comme l'on faifoit auparavant , puifqu'on voit maintenant qu'elle eft une fuite néceffaire de la conftruc- tion,que nous lui avons attribuée.

Mais l'élafticité de l'Air dé- pendant de la force qu'ont tou- tes les parties qui compofent les petits tourbillons, dont il eft for- mé , à s'éloigner de chacun des centres,autour defquels elles cir- culent. Et à viteffe égale , com- me elle doit l'être à égale dif- tance du centre de la Terre , cette force centrifuge étant en raifon inverfe des quarrés des diftances ,ou des quarrés des de- mi-diamétres des tourbillons. Et les demi - diamétres des petits tourbillons de l'Ether dont ceux de l'Air font formés , pouvant être, par exemple, comme mille eft à un; il s'enfuit clairement, les effets étant égaux à leurs caufes, que la force élaftique d'un petit

tourbillon de l'Air pourra n'ê-
tre à celle d'un petit tourbillon de l'Ether que comme un
eſt à un mille de mille, ou à un
million. Par où l'on peut juger
groſſierement que l'élaſticité de
l'Ether doit être incomparablement plus forte & plus prompte
que n'eſt celle de l'Air. Donc,
&c. C. Q. R. D.

REMARQUE.

On a experimenté qu'à meſure que l'on pompoit l'Air du récipient d'une machine du vuide,
ſous lequel on avoit mis une
montre à réveil, le ſon diminuoit conſiderablement, & par
des dégrés très-ſenſibles ; & qu'il
augmentoit à meſure qu'on le
laiſſoit rentrer dans le récipient.
De ſorte que ſi la propagation du
ſon , comme on n'en peut douter
après cette expérience, procéde
de l'élaſticité de l'Air,& que celle

de la lumiere procede de l'élasticité de l'Ether, on pourra juger
de combien l'élasticité de l'Ether
furpaffe celle de l'Air ; fachant
que le fon ne parcourt dans l'Air
que 180 toifes en une feconde,
& que la lumiere parcourt des
efpaces immenfes durant le même tems. Car M. Huguens a fup-
puté par le moyen des éclipfes
des Satellites de Jupiter, que le
tems que la lumiere employoit
à parcourir la diftance du Soleil
à la Terre, étoit d'onze minutes,
& que par conféquent la viteffe
de la lumiere étoit environ 600
mille fois plus grande que celle
du fon.

PROPOSITION VIII.

L'Air tel que nous l'avons décrit
doit être capable d'une grande &
prompte dilatation , & d'une
grande compreffion.

Car les molécules de l'Air
étant de petits tourbillons composés de petits tourbillons de
l'Ether ; & les petits tourbillons
de l'Ether pouvant passer librement à travers les pores du verre;
il est clair qu'à mesure que l'on
pompera l'Air du récipient d'une
machine du vuide, les petits
tourbillons exterieurs de l'Ether
seront forcés, parce que tout est
plein, de se détacher des tourbillons de l'Air exterieur, &
d'entrer dans le récipient sans
devenir pour cet effet plus
grands qu'ils n'étoient hors du
récipient.

Mais les tourbillons de l'Air,
que ces petits tourbillons de l'E-
ther forment, & qui, à cause de
leur grandeur, ne peuvent passer
à travers les pores du verre, &
par conséquent ni entrer dans
le récipient, ni en sortir, à moins
qu'on ne les pompe ; on voit que

ſi on vient à les pomper en partie, ceux qui y ſeront demeu-
rés n'ayant point de communication avec les tourbillons exterieurs de l'Air, s'empareront
des petits tourbillons de l'Ether,
à meſure qu'ils y entreront par
les pores du verre, & les con-
traindront de circuler autour
de leurs centres ; comme un
tourbillon que l'on forme dans
un baſſin plein d'eau avec le
bout d'un bâton, s'y agrandit
en contraignant les parties en-
vironnantes de l'eau de ſuivre
ſon mouvement circulaire, ſans
détruire les petits tourbillons de
l'eau.

D'où il ſuit que les tourbillons de l'Air, qui ſeront reſtés
dans le récipient, ſe dilateront à
meſure qu'on en pompera davantage, & occuperont toujours exactement toute la capacité du récipient ; comme un

grand nombre de tourbillons
d'eau, qu'on auroit excité tous
à la fois dans un baſſin, & dont
tout le baſſin feroit rempli, n'em-
pêcheroient pas, ainſi que nous
l'avons déja dit, (Pr. 10. 6) que le
même baſſin ne fût rempli d'eau
de la même façon qu'il l'étoit,
avant qu'on eût excité avec le
bâton ces grands tourbillons,
dont il eſt en même tems également rempli; ni que ſi les parties de l'eau étoient de petits
tourbillons inſenſibles, ces petits tourbillous de l'eau ne ſe
balançaſſent entr'eux de la même façon qu'ils le faiſoient avant
qu'on eût excité dans le baſſin
les tourbillons ſenſibles d'eau
dont nous venons de parler ; &
ſans que le balancement mutuel des tourbillons inſenſibles
empêche en aucune ſorte le balancement & l'aggrandiſſement
mutuel des tourbillons ſenſibles

excités avec le bout du bâton.
Par où l'on voit clairement que
quoique les tourbillons de l'Air
s'agrandissent dans le récipient,
lorsque l'on pompe l'Air qui y
est renfermé, ce n'est pas à dire
pour cela que les tourbillons de
l'Ether qu'il contient y soient
devenus plus grands que ceux
qui sont hors du récipient, avec
lesquels ils communiquent à travers les pores du verre, & avec
lesquels ils sont par conséquent
en équilibre.

Or à mesure que l'on pompera l'Air du récipient, le nombre
des globules pesans que les petits
tourbillons d'Air portent à leurs
centres, & qui rendent ces tourbillons pesans, diminuëra, & sera
d'autant moindre qu'on aura
plus pompé d'Air. D'où il suit
que l'Air contenu dans le récipient avant que d'avoir été dilaté, pésera d'autant moins après

avoir été dilaté , qu'on en aura pompé davantage ; à caufe que l'Ether qui aura renflé les petits tourbillons , dont l'Air eft compofé , n'aura aucune pefanteur par lui-même. Et que la force élaftique de cet Air diminuëra auffi de plus en plus, à caufe que les tourbillons , dont il eft compofé , devenant grands de plus en plus , la force centrifuge des points des fuperficies de ces petits tourbillons, d'où procede l'élafticité de l'Air , diminuëra néceffairement.

Mais fi l'on vient à rendre peu à peu au récipient l'Air qu'on lui a ôté en pompant ; alors les petits tourbillons de l'Air exterieur qui y entrent, étant beaucoup plus petits que ceux qui étoient dedans , les forces centrifuges des premiers feront beaucoup plus grandes que celles des feconds. Ainfi les

petits tourbillons de l'Air qui y
rentreront s'agrandiront aux dépens de ceux qui y seront déja,
jufqu'à ce que les diamétres des
uns & des autres deviennent
égaux, ainfi que les loix de l'é-
quilibre l'exigent. Et lorfqu'on
aura laiflé à l'Air exterieur une
entiere liberté d'entrer dans le
récipient, le diamétre des tourbillons interieurs deviendront
égaux à ceux des exterieurs.

Or comme le diamétre des
globules pefans, qui font au centre des petits tourbillons de l'Air,
eft très-petit à l'égard du diamétre de ces petits tourbillons, de
même que le diamétre du globe de la Terre eft très-petit par
rapport au diamétre de fon tourbillon ; on comprend bien que
ces petits globes pefans peuvent
beaucoup s'approcher les uns
des autres, fans qu'ils parvien-
nent à fe toucher. Et que par

conféquent l'Air contenu dans la branche *CD* du tuyau *ABCD* (fig. 40) peut être réduit juf-qu'à n'occuper plus que l'efpace *GD*, huitiéme partie de *CD* , fans qu'il arrive que les globules de l'Air fe touchent, quoiqu'ils ayent été contraints de s'appro-cher les uns des autres. Car dans cet état les diamétres des petits tourbillons de l'Air n'ont en-core diminué que de la moitié ; & on conçoit aifément qu'ils pour-ront diminuer des trois quarts de ce qu'ils font ordinaire-ment, & plus encore fans crain-te que les globules qu'ils ont à leurs centres fe touchent. De forte que l'Air contenu dans l'efpace *CD* , pourroit être ré-duit à n'occuper que la moitié & le quart de l'efpace, *GD* & être même encore plus forte-ment comprimé, avant que l'Air ceffât d'être tranfparant & fluide.

Et l'on voit en même tems,
fans qu'il foit néceffaire de rien
ajoûter à la conftruction, que
nous avons attribuée aux molécules de l'Air , la raifon pourquoi l'Air eft capable de foutenir un poids d'autant plus grand,
qu'il eft plus fortement comprimé ; Puifque la force de fon
élafticité doit d'autant plus augmenter, que les tourbillons de
l'Air feront plus petits, & qu'é-
tant réduits à n'occuper plus que
l'efpace *DG* , par exemple , ils
feront huit fois plus petits que
lorfqu'ils occupoient l'efpace
DC , & foutiendront par conféquent un poids huit fois plus
grand , ainfi que l'expérience
le confirme.

REMARQUE.

Il feroit affez inutile de nous
arrêter ici long-tems à expliquer
comment la petite bulle d'Air ,

dont nous avons parlé (pag. 111), renfermée dans une veſſie de carpe miſe ſous le récipient de la machine du vuide, s'étend ſi prodigieuſement lorſqu'on pompe l'Air contenu dans le récipient. Car on voit bien que ſans avoir recours à des figures imaginées à plaiſir, & dont ni la ſtructure, ni l'elaſticité ne ſe comprennent pas & n'ont jamais pû être bien définies, ſi les petits tourbillons de l'Air ſuppoſés tels que nous les avons décrits, & dont la ſtructure procede certainement d'un principe connu, ſçavoir du mouvement circulaire, qui, après le mouvement direct qui ne peut êtreſupopſé dans toutes les parties de la matiere, eſt le plus ſimple; ces petits tourbillons, dis-je, contenus dans le récipient, s'agrandiſſant à meſure que l'on pompe, & perdant par conſéquent beaucoup de leur

force centrifuge, les tourbillons
de l'Ether, dont ceux de l'Air
font formés , pouvant paſſer librement à travers les pores de
la veſſie, les tourbillons de l'Air,
qui y feront contenus s'agrandiront aux dépens de ceux du récipient juſqu'à ce qu'ils leur
foient devenus égaux, & occuperont par conféquent un efpace beaucoup plus grand qu'ils
ne faiſoient , & tel que ſi l'on
continuë à pomper, la capacité
de la veſſie n'y pouvant ſuffire,
elle crévera à la fin. Car l'agran-
diſſement d'un tourbillon n'a
pas d'autres bornes que celles ,
que la réſiſtance des tourbillons
environnans lui prefcrit , puiſqu'il ſe met toujours en équilibre avec eux, ce qu'il ne peut
faire ſans devenir auſſi grand
qu'eux.

Il feroit au reſte aſſez inutile
de rapporter ici dans le détail

toutes les expériences que l'on a faites sur l'élasticité de l'Air, & qu'on a toujours admirées, mais qu'on expliquera par nos principes avec autant de facilité que celle-ci, qui semble être la plus frapante, quoiqu'elle ne paroisse peut-être pas être la plus misterieuse.

PROPOSITION IX.

L'Air étant un amas de petits tourbillons sphériques du troisiéme élément, pourra facilement se charger de plusieurs petites parties hetherogenes, quoique plus pesantes qu'un pareil volume de ce fluide, les tenir suspendues dans sa capacité, les y distribuer uniformément, & leur procurer un grand mouvement en tout sens, sans que ces parties hetherogenes produisent aucune alteration aux molécules de l'Air.

Lors

Lors que dans une chambre
obſcure on regarde avec attention un raïon de lumiere, qui
paſſe par un petit trou, on voit
avec ſurpriſe qu'un nombre innombrable de petits corps de différentes couleurs y piroüettent
dans tous les ſens imaginables.
Et en effet il étoit difficile de
comprendre la cauſe de cet effet;
en ſuppoſant, comme on a fait
juſqu'à préſent, que les molécules de l'Air n'étoient que de
petites branches entrelaſſées, ou
de petites lames contournées en
limaçon, bandées les unes contre les autres avec une extrême
force, & dont les parties ne
pouvoient avoir par-là aucun
mouvement qui leur fût propre.

Mais ſi l'on conçoit, comme
il ſemble qu'on ne puiſſe plus
maintenant en douter, que les
molécules de l'Air ne ſont autre
choſe que de petits tourbillons

Q

fphériques *O*, *B*, *C*, *D*, *H*, *I*, &c. (fig. 21) du troifiéme élément, qui laiffent néceffairement entr'eux des efpaces angulaires *NLP*, *nlp*, &c. on concevra aifément que s'il y a fur la furface de la Terre des corps, dont les parties, quoique plus pefantes qu'un pareil volume d'Air, foient incomparablement plus petites que les tourbillons, dont il eft compofé, & telles que nous démontrerons bientôt, que font les molécules de l'eau par exemple, les parties des petits tourbillons de l'Air tournant avec une grande rapidité autour du centre de chacun de ces petits tourbillons, entraîneront néceffairement avec elles un grand nombre de ces particules terreftres, & les obligeront d'entrer dans les efpaces angulaires dont nous venons de parler; ou elles fe mouvront néceffaire-

ment en tous sens, les unes sur
la superficie d'un de ces tourbillons de l'Air, les autres sur la superficie d'un autre de ces mêmes
tourbillons, d'autres enfin paf-
seront de la superficie d'un tourbillon de l'Air sur la superficie
d'un autre qui lui sera contigu.
Car lorsque la couche des petits
tourbillons de l'Air, qui touche
la superficie de la Terre se sera
chargée des molécules dont nous
parlons, elle en distribuëra à
celle qui la suit immédiatement,
qui s'en chargera de même ; de
sorte que de couche en couche
ces molécules pourront s'élever
fort haut au-dessus de nos têtes
en se soûtenant dans ces espaces
étroits par le mouvement circulaire qu'elles auront acquis :
comme nous voyons qu'une bale
de plomb enfermée dans un globe
creux que l'on fait tourner sur
son axe, après qu'elle a acquis

Q ij

ce même mouvement circulaire, se meut dans l'équateur de ce globe sans quitter la superficie qui la retient, quoique lorsqu'elle est élevée vers le zénit, elle tende en bas par sa pesanteur ordinaire.

Mais ce qu'il faut ici remarquer avec soin, c'est que par ce même moyen, ces parties heterogenes se distribueront également sur toutes les superficies des petits tourbillons de l'Air, sans que l'une en puisse être plus chargée que l'autre : du moins à une égale distance de la Terre; à cause que tous ces tourbillons, tendant sans cesse à se mettre en équilibre, si l'un en étoit moins chargé que les autres qui l'environnent, il ne pourroit manquer de s'agrandir à leurs dépens, & de se saisir par conséquent des molécules heterogenes, dont les autres seroient surchargés. Et l'on conçoit encore clairement que la force des petits tourbillons de l'Air étant nécessairement bornée, l'Air ne pourra se charger que d'une certaine quantité déterminée de ces molécules heterogenes.

Mais quoique ces molécules puissent facilement s'insinuer dans les espaces angulaires que les tourbillons de l'Air laissent entr'eux, elles sont communément trop grosses pour pouvoir pénétrer dans l'intérieur des petits tourbillons de l'Air dont les pores sont incomparablemens plus étroits que les précédens. Ainsi quoique l'Air se charge de parties heterogenes, elles ne peuvent néanmoins détruire la consistance de ses parties propres. Donc, &c. C. Q. F. D.

PROPOSITION X.

La suspension du vif-argent dans

le Barometre n'est pas la mesure de son poids, mais une mesure très-exacte de son élasticité actuelle.

Toricelli s'étant le premier apperçu, qu'en remplissant de vif-argent un tuyau de verre long de trois pieds, bouché par un bout *A* (fig. 36) & plongé par l'autre bout ouvert *B* dans un vase *TYZV* plein de vif-argent; le tuyau *AB* se vuidoit en partie, & le vif-argent s'y tenoit suspendu à la hauteur *BC* de 26 à 29 pouces.

Il n'y a presque pas d'effet qui ait tant exercé les Phisiciens que celui-ci, & qui les ait portés à faire plus d'experiences pour en déterminer la cause. Cependant à en juger par leurs expressions, par les difficultez qu'ils forment, & les réponses qu'ils donnent à ces difficultez, il me paroît qu'ils n'en ont tous eu qu'une notion très-confufe ; ce qui a été caufe qu'ils n'ont pas découvert les vrais ufages du Barometre, ceux qui nous intereſſoient le plus de bien connoître ; & cela eſt venu principalement de ce qu'ils n'ont pas aſſez diſtingué la pefanteur de l'Air, de fon élaſticité, & qu'ils ont attribué à fon poids les effets qui procedent immédiatement de fon reſſort, quoique les uns foient oppofés aux autres.

Ils difent par exemple (Mem. de l'Acad. 1703. pag. 235.) » qu'on a remarqué que la *pe-* « *fanteur* de l'Air varie confide- « rablement dans les mêmes « lieux en différens tems, qu'il « eſt ordinairement plus *pefant* « dans un tems clair & ferein, « & qu'il eſt plus *leger* dans un « tems nébuleux & chargé de va- « peurs ; ce qui paroît (ajoûtent- «

» ils) si opposé au jugement
» qu'on en fait naturellement,
» qu'avant ces expériences, des
» Philosophes célébres n'avoient
» point fait difficulté de suppo-
» ser le contraire. « Au lieu que
si ces Philosophes avoient attribué à la simple élasticité de
l'Air ce qu'ils ont attribué à
son poids , ils n'auroient pas
eu tant de lieu d'admirer ces
effets, ni les autres de s'y trom-
per, comme ils ont fait. Car que
l'Air soit moins élastique dans
un tems nébuleux, il n'y a rien
là, ce me semble , qui soit fort
surprenant. Il s'agit donc uniquement de discuter si ce n'est
pas plutôt à l'élasticité de l'Air,
qu'à son poids, qu'il faut attribuer la suspension du mercure
dans le Barometre.

Je conviens que la superficie
d'un fluide pesant ne peut qu'être
toujours parallele à l'horizon ,

parce

parce que toutes les parties tendant au centre de la Terre,
l'une ne peut demeurer plus
élevée sur sa superficie que l'autre, à moins que quelque cause
étrangere ne la soutienne. Que
par conséquent si l'on plonge
dans un vase *XYZV* plein d'eau
ou de vif-argent un tuyau de
verre *AB*, ouvert par les deux
bouts, la superficie de ce fluide
contenu dans le tuyau ne peut
jamais s'élever plus haut que la
superficie *XV* du même fluide
contenu dans le vaisseau, quelque situation que ce soit que
l'on donne au tuyau. Que si lorsqu'un tuyau *AB*, bouché par
un de ses bouts *A* est plongé
verticalement dans l'eau, l'eau
ne monte pas dans le tuyau ; cela
ne vient que de ce que l'Air,
dont il est rempli, ne pouvant
s'échaper par les pores du verre,
ni par ceux de l'eau, ne laisse

R

à l'eau aucun lieu de s'y placer :
Mais que si l'on perce le bout su-
perieur *A* du tuyau seulement
avec la pointe d'une éguille,
alors l'air pouvant s'échaper par
ce trou, & l'eau contenuë dans
le vaisseau *XZ* étant plus pesante que l'air contenu dans le
tuyau, contraindra l'eau, qui
répond à l'orifice inférieur *B* du
tuyau, d'y monter jusqu'à se
mettre de niveau avec l'eau
exterieure *XV*. Et que si le
bout *B* du tuyau trempe dans
un vase *T Y Z R* plein de vif-argent mis au fond d'un vaisseau
XZ, alors l'eau ne pouvant pénétrer le verre, ni passer par les
pores du vif-argent, ce sera le
vif - argent même, qui étant
poussé par le poids de l'eau contenuë dans le vaisseau, montera
dans le tuyau *B A*. Mais que
le vif - argent étant beaucoup
plus pesant que l'eau, il ne s'é-

levera pas jufqu'à la fuperficie exterieure *XV* de l'eau, mais feulement jufqu'à une certaine hauteur *H*; & qu'il n'en entrera dans le tuyau qu'autant qu'il en faut pour égaler le poids de la colonne d'eau, qui pourroit être contenuë dans le tuyau; ce que l'expérience confirme. Car un certain volume de vif-argent pefant environ 14 fois plus qu'un pareil volume d'eau, fi l'eau contenuë dans le vaiffeau *XZ* ne s'éleve depuis la fuperficie *TR* du vif-argent que jufqu'à la hauteur de 14 pouces, le vif-argent ne s'élevera que jufqu'à la hauteur *BH* d'un pouce, & fi la fuperficie *XV* de l'eau eft élevée jufqu'à la hauteur de 2 fois 14 pouces, ou de 28 pouces, la fuperficie *N* du vif-argent s'élevera jufqu'à la hauteur de 2 pouces; & ainfi de fuite. Ce qui montre clairement que le poids

d'un fluide exterieur peut soûte-
nir à une hauteur déterminée, le
fluide interieur contenu dans un
tuyau.

Je conviens encore que dans
l'expérience de Toricelli, l'efpace *CA* que le vif argent abandonne, eft vuide d'air groffier,
& que la matiere qui le remplit
eft fi fubtile qu'elle a pû paffer
librement par les pores du verre,
& remplir l'efpace *CA* lorfque
le vif-argent en eft defcendu.
De forte qu'à fon égard on peut
regarder le tuyau *AB* comme
s'il étoit ouvert par le bout *A.*
Car fi l'on verfe de l'eau dans
le tuyau *XZ*, fur la fuperficie
du vif-argent *TV*, jufqu'à la hauteur de 14 pouces, on voit par
l'experience que la fuperficie *C*
de la colonne du vif-argent contenu dans le tuyau *AB* monte
d'un pouce, & de deux pouces,
fi on y en verfe jufqu'à la hau-

teur de deux fois 14 pouces, &
ainſi de ſuite. Ce qui n'arriveroit pas ſi l'eſpace *C A* étoit rempli d'Air groſſier, ou d'une matiere dont les parties ne pourroient paſſer, ni par les pores
du verre, ni par ceux du vif-
argent ; ainſi que nous l'avons
déja vû par l'experience.

D'où il ſuit que ſi un certain
volume de vif-argent ne peſoit
pas plus qu'un pareil volume
d'Air, que l'Air fût un fluide
homogéne par tout également
peſant, & que le tuyau *AB* fût
aſſez long pour atteindre à la ſuperficie de l'atmoſphere, le vif-
argent *BC* s'y éleveroit juſqu'à
ſe mettre de niveau avec l'Air,
par la même raiſon qu'on a vû
que le vaſe *XZ* étant rempli
d'eau juſqu'à la hauteur *TR*, où
trempe le bout du tuyau *AB*
plein d"Air, on acheve de remplir le vaſe *XZ* juſqu'en *XV*, &

que l'on perce le bout *A* du tuyau *AB* pour en laiſſer échaper l'Air, l'eau monte dans le tuyau juſqu'à la même hauteur *XV*. De ſorte que le vif-argent étant beaucoup plus peſant que tout autre fluide, il ne ſeroit pas étonnant qu'il ne s'élevât pas ſi haut, & qu'il s'arrêtât à la hauteur d'environ 28 pouces; ce qui indiqueroit évidemment que le poids de cette colonne de 28 pouces de vif-argent ſeroit égale au poids d'une pareille colonne d'Air, dont la hauteur égaleroit celle de l'atmoſphere. D'où l'on conclurroit avec juſteſſe que lorſque la colonne de vif-argent hauſſeroit ou baiſſeroit, la totalité du poids de la colonne d'Air ſeroit plus ou moins grande, & que le Barometre, qui n'eſt autre choſe que ce même tuyau, tourné d'une façon plus commode, ſeroit par conſéquent la juſte meſure du poids de la colonne d'Air.

Mais l'expérience nous montre évidemment qu'il ne faut pas
raifonner fur l'Air, en cette
rencontre, comme fur les autres
fluides. Car fi l'on conçoit qu'un
Barometre foit enfermé dans un
récipient de la machine du vuide,
affez long pour le contenir, n'eft-
il pas conftant, qu'auffi - tôt
qu'on aura donné le moindre
coup de pifton, on aura interrompu toute communication entre l'Air exterieur & l'Air renfermé dans le récipient ? lequel
par conféquent eft le feul qui
peut agir fur le Barometre, non
par fon poids ; car quelle proportion y auroit - il entre le poids
de ce petit volume d'air & le poids
d'une colomne de mercure d'environ 28 pouces de haut ? Et le
poids de la colonne d'Air, qui
s'étend jufqu'à l'atmofphere, &
qui exercera fa puiffance tant

qu'on voudra fur la fuperficie
exterieure du récipient, qui eft
affez forte pour la foutenir, n'a-
gira donc plus fur la fuperficie
du vif-argent contenu dans la
bouteille du Barometre, pour
le tenir fufpendu dans fon long
tuyau jufqu'à la hauteur de 28
pouces, où nous fuppofons qu'il
étoit hors du récipient. Cependant après ce coup de pifton le
vif-argent pourra n'être defcendu que d'une ligne. Quel eft
donc l'agent qui le foutient encore à une fi grande hauteur?
n'eft-ce pas palpablement le reffort de l'Air renfermé dans le
récipient, qui ayant été un peu
affoibli par ce premier coup de
pifton, lui a donné lieu de defcendre de cette ligne, fans que
le poids de la colonne d'Air exterieur y contribuë en aucune
forte? Si on en doute, qu'on
continuë à pomper, & on verra

que le vif-argent continuëra à
defcendre à mefure, jufqu'à fe
mettre prefque de niveau au
vif-argent de la bouteille ; je dis
prefque, parce qu'on ne peut jamais pomper tout l'Air du récipient, & que ce qu'il y en refte
foutient encore par fon reffort
quelque peu de vif-argent dans
le tuyau. Or c'eft une chofe connuë qu'à force de pomper, le
reffort de l'Air qui refte dans le
récipient s'affoiblit de plus en
plus ; & l'on voit que le vif-
argent defcend à mefure qu'il
devient moins fort ; le poids de
la colonne d'Air n'a donc aucune part à cet effet. Maintenant
fi on laiffe rentrer peu à peu l'Air
dans le récipient, on verra tout
auffitôt que le vif-argent remon-
tera peu à peu, & s'élevera jufqu'à fa premiere hauteur, avant
que la colonne de l'Air exterieur
ait pû agir fur le Barometre.

Si l'élasticité de l'Air qu'on laisse entrer peu à peu dans le récipient n'étoit pas seule suffisante pour élever le mercure aussi haut qu'on l'observe lorsque le Barometre est hors du récipient ; alors on pourroit dire que le poids de la colonne d'Air contribuë à sa suspension : mais non, on voit que le Barometre étant sous le récipient monte toujours à mesure qu'on y laisse entrer de l'Air, quoiqu'il n'y ait encore aucune communication entre cet Air & l'Air exterieur, & il s'approche de si près du terme, qu'on ne peut raisonnablement attribuer aucune partie sensible de cet effet au poids de l'Air, lorsqu'on a ôté le récipient, & que la colonne agit sans obstacle sur le Barometre ; puisque le vif-argent ne s'éleve pas plus haut qu'il étoit élevé sous le récipient.

Lorfqu'on plonge un Barometre dans un tonneau *XZ* plein
d'eau , & qu'on y enfonce fa
bouteille à la profondeur de 14
pouces, le vif-argent monte d'un
pouce ; de 2 pouces fi on l'enfonce de 28 pouces , & ainfi de
fuite. C'eft la pefanteur de la
colonne d'eau qui produit cet
effet ; mais il n'en eft pas de même de l'Air, ce n'eft pas fon poids,
c'eft fon reffort qui tient feul le
vif-argent fufpendu à la hauteur
connuë , foit que le Barometre
foit renfermé fous le récipient ,
foit qu'il foit expofé en plein Air,
nulle autre caufe n'y contribuë ;
le poids de l'Air n'entre en partage pour rien de fenfible dans
cet effet.

Le Barometre eft donc la mefure exacte & précife , non pas
du poids d'une colonne d'Air ,
qui monte jufqu'à l'extrémité de
l'atmofphere, & qui pourroit être

très-pefante par le bas lorfque le Barometre nous diroit que l'Air eft très-leger, à caufe que l'Air fupérieur pourroit être devenu très-leger : & qui par une raifon contraire pourroit être très-leger, lorfque le Barometre nous diroit que l'Air eft très-pefant ; Mais le Barometre eft la mefure exacte de l'élafticité actuelle de l'Air, de l'Air qui nous touche & que nous refpirons : qualité dont la connoiffance précife nous eft bien plus importante que celle de fa pefanteur qui n'excede pas la 850ᵉ partie de la pefanteur de l'eau, & dont la différence d'un tems à l'autre eft par conféquent infenfible à notre égard. Donc, &c. C. Q. F. D.

REMARQUE.

Lorfque le Barometre monte de 2, 3, 4, &c. degrés, nous

pouvons être certain que l'Air
que nous refpirons eft plus élaftique d'autant de degrés , &
moins élaftique lorfqu'il defcend. Et voilà enfin ce que l'on
doit appeller proprement la mefure d'un effet ; & d'un effet
qu'il nous eft très-important de
connoître à tout moment.

Si au bord de la mer le mercure demeure fufpendu dans le
Barometre à la hauteur de 28
pouces , & qu'étant tranfporté
à la hauteur de 61 pieds, il baiffe
d'une ligne : de deux lignes à
celle de 61+62 : de 3 lignes à
celle de 61+62+63 pieds ; &
ainfi de fuite jufqu'à la hauteur
d'un demi ou trois quarts de
lieuë , & qu'on puiffe par ce
moyen mefurer la hauteur des
montagnes, ainfi que les Aftro-
nomes de l'Académie l'ont pratiqué; ce n'eft pas précifément
parce que l'Air eft plus pefant

au bord de la mer que fur la montagne, que le vif-argent eft plus élevé fur le bord de la mer que fur la montagne; c'eft-parce que fon élafticité eft d'autant plus grande, qu'il eft plus près du centre de la Terre. Ce qui ne renferme rien de contraire aux loix des Mécaniques, & ne détruit pas l'ufage qu'on a fait du Barometre dans la mefure de la hauteur des montagnes.

PROPOSITION XI.

L'augmentation du poids de l'Air doit faire baiſſer le Barometre.

Si la plus grande ou la moindre élafticité de l'Air pouvoit ne venir uniquement que de ce qu'il eft plus ou moins chargé de parties pefantes : alors on pourroit étendre l'ufage du Barometre, & le regarder auſſi comme une mefure exacte du poids de la colonne , ainſi qu'on le pratique ; car le Barometre meſurant l'effet qui eſt l'élaſticité de l'Air , il en meſureroit auſſi la cauſe , ſçavoir la peſanteur actuelle de toute l'atmoſphere , ou d'une colonne d'Air qui répondroit à celle du vif-argent ; ce qui ne ſeroit néanmoins , comme nous l'avons déja dit , qu'une connoiſſance bien bornée du poids de l'Air , puiſqu'elle ne nous donneroit aucune notion du poids des differentes parties de cette colonne , de la partie ſur - tout qui nous environne. Mais l'élaſticité de l'Air peut être augmentée par la chaleur, & diminuée par le poids. Nous avons déja vû (pag. 117) que la chaleur augmentoit beaucoup l'élaſticité de l'Air , ſans en augmenter le poids ; ainſi le Barometre pourra monter quoique l'Air ne ſoit pas devenu plus pefant ; car le Barometre ne monte jamais que parce que l'élafticité de l'Air augmente. L'eau réduite en vapeur & fufpenduë dans l'Air, peut bien augmenter le poids de l'Air ; mais elle peut auffi diminuer confiderablement fon élafticité ; puifque nous fentons qu'un Air moüillé n'eft pas fi vif qu'un Air fec : qualité qui dénote fon plus grand reffort. De forte que quoique l'Air foit en effet plus pefant, lorfqu'il eft humide, comme il peut en même tems être beaucoup moins élaftique, le Barometre baiffera ; Et fi nous le prenons pour la mefure du poids de l'Air, il nous induira à porter un faux jugement, qui eft, que l'Air eft plus leger lorfqu'il fera en effet plus pefant ; & plus pefant lorfqu'il fera en effet plus leger.

Boile ayant montré par l'experience que le reffort de l'Air devenoit

devenoit d'autant plus grand
que l'Air étoit chargé d'un plus
grand poids , on en a auffi-tôt
conclu,que plus l'Air étoit chargé de molécules pefantes, d'eau,
d'huile, de fel , &c. plus le Barometre devoit monter ; mais on
va voir que c'eft tout le contraire.

Pour nous accommoder aux
idées communes de la ftructure
de l'Air, concevons pour un
inftant qu'un long tuyau de verre foit plein d'un duvet très-fin
& très-élaftique , rempliffons un
fac de menu plomb dont les
grains foient infenfibles, & que
ce fac puiffe entrer par l'orifice
du tuyau, & s'y mouvoir de haut
en bas avec facilité , on conçoit
que le poids du plomb comprimant les parties du duvet, les
contraindra de fe rapprocher
l'une de l'autre, & augmentera
parconféquent leur reffort. Mais

si au lieu de mettre cette pouf-
fiere de plomb dans un fac, vous
percez le fac & vous faites en-
forte qu'elle fe mêle très-intime-
ment parmi tous les brins du
duvet. Alors on conçoit bien
que le poids du total augmentera : mais je dis qu'il eft évident
que bien loin que le poids du
plomb augmente le reffort du
duvet, il le diminuëra, & il
empêchera que fes parties ne
puiffent s'approcher l'une de
l'autre, & augmenter leur reffort. Et que fi par quelque caufe
que ce puiffe être chaque grain
de plomb venoit à fe fondre & à
environner chacune des molécules du duvet, l'élafticité du
duvet difparoîtroit entierement
malgré le poids dont il feroit
intimement chargé.

La même chofe doit donc arriver lorfque les molécules pefantes de l'eau, du fel, &c. mon-

rent dans l'Air, & s'infinuent
parmi ces parties, ces molécules d'eau, de fel, &c. diffoutes
dans l'Air, doivent rendre l'Air
moins élaftique, fur-tout fi l'Air
n'eft autre chofe qu'un amas de
petits tourbillons, comme nous
l'avons invinciblement démontré ; car ces petits tourbillons
étant chargés de molécules pefantes d'eau, de fel, &c. ne pourront pas évidemment circuler fi
promptement qu'ils faifoient,
d'où s'enfuivra la diminution de
leur force élaftique, qui produit feule indépendamment du
poids la fufpenfion du vif-argent
dans le Barometre. Ainfi l'Air
aura beau pefer davantage,
comme ce poids n'eft pas la caufe immédiate de la fufpenfion
du vif-argent dans le Barometre, & qu'il diminuë fon reffort,
qui tient feul le vif-argent fufpendu à un tel degré ; le vif-ar-

gent baissera nonobstant ce plus grand poids. Donc, &c. C. Q. F.

PROPOSITION XII.

Les effets de l'Air découverts par le Barometre sont une suite mécanique de la structure que nous avons attribuée à ses parties.

On ne peut douter, après tout ce que nous avons dit (Pr. 10), que la suspension du vif-argent dans le Barometre ne procede immédiatement du ressort de l'Air, & que le poids dont ses molécules sont chargées ne diminuë son ressort plutôt que de l'augmenter. D'où il suit :

I. Que dans un tems humide & pluvieux le Barometre doit descendre & descendre d'autant plus bas que l'Air paroîtra être plus chargé ; car alors l'Air sera d'autant moins élastique, ou ses petits tourbill. circuleront d'autant plus lentement qu'ils feront plus chargés. Et comme nous voyons que l'experience s'accorde à notre raifonnement, nous pouvons donc juger que lorfque le Barometre baiffe d'une ligne, de 2 lignes, de 3 lignes, &c. la pefanteur, non pas de toute la colonne d'Air, qui s'étend jufqu'à l'extrémité de l'atmofphere, mais celle de l'Air qui nous avoifine, & que nous refpirons, augmente à proportion ; parce que cette pefanteur peut diminuer d'autant le reffort de ce même Air, lequel eft la caufe immédiate & complette de la fufpenfion du mercure dans le Barometre.

II. Lorfque l'Air paroît fort épuré, fans broüillards, fans aucun nuage, & difpofé au beau tems, on a éprouvé que le Barometre montoit jufqu'au plus haut degré. D'où vient cela ?

Est ce parce qu'alors la colonne d'Air est plus pesante? Mais on a vû évidemment que ce poids n'est pas la cause immédiate de la suspension du mercure, & que c'est le ressort de l'Air, qui produit seul cet effet. Le mercure ne s'éleve donc dans le tems sec que parce que le ressort de l'Air qui le comprime est plus vif ; or il n'est plus vif, & sa force plus grande que parce qu'il est moins chargé de molécules d'eau, de sel, &c. qui diminuëroient son ressort. Et si l'on dit que dans un tems chaud & sec, il y a plus de vapeurs & d'exhalaisons dans l'Air, à cause que la chaleur du Soleil les y a attirées, il est facile de répondre que ces molécules pesantes étant montées bien haut, elles se sont dispersées dans un très-grand volume d'Air ; de sorte que chaque molécule d'Air n'en contenant

qu'un très-petit nombre, elles
ne diminuent prefque rien de
l'élaſticité que la chaleur leur
procure. Car quoique le Soleil
s'étant retiré, l'eau qui étoit
montée dans l'Air tombe en ro-
fée; & que l'Air en foit déchargé; le Barometre ne laiſſe pas de
demeurer élevé comme auhara-
vant ; à caufe que ces goutes
d'eau qui en tombant de bien
haut fendent l'Air inferieur,
n'y fejournant pas, ne le moüil-
lent pas, ne font pas contenuës
dans les pores de l'Air, & ne diminuent pas par conféquent fon
reſſort ; ou n'empêchent pas que
les molécules dont les petits tourbillons de l'Air font formés,
ne circulent avec toute la viteſſe
qui leur convient.

III. Il n'y a pas d'apparence
que la régle dont les Aſtronomes
de l'Académie fe font fervis pour
mefurer la hauteur des monta-

gnes, s'étende bien loin au-delà des nuës, à caufe que ce qui peut convenir à un Air chargé de parties heterogenes, ne peut s'appliquer à un Air plus fimple & plus épuré ; Si cependant on étoit curieux de fupputer jufqu'où l'Air peut étendre fes bornes felon cette regle, on pourroit aifément le faire ; puifqu'on fçait que la colonne d'Air prife au niveau de la mer foutient ordinairement 28 pouces ou 336 lignes de mercure, & qu'elle n'en foutient plus que 335, le Barometre étant porté à la hauteur de 61 pieds : que 334 à la hauteur de 61+62 pieds : que 333 à la hauteur de 61+62+63 pieds, & ainfi de fuite, jufqu'au dernier terme de la progreffion qui eft de 336 termes, où la hauteur à laquelle on auroit tranfporté le Barometre, feroit de 76776 pieds, ou de
11796

11796 toises, qui font six lieuës
& demie, & où l'étenduë de l'Air
qui répondroit à la derniere ligne du mercure, feroit de 397
pieds, & ne feroit que de 6 à 7
fois plus grande que celle qui répond à la premiere ligne qui eft
de 61 pieds.

Mais il ne faut pas aifément
fe perfuader que l'atmofphere
ne s'étende qu'à une fi petite
diftance, il eft plus convenable de croire que les molécules
de l'Air étant de moins en moins
pefantes à mefure qu'elles s'éloignent de la fuperficie de la Terre, l'atmofphere ne puiffe s'é-
tendre beaucoup plus haut. Ainfi que M. de Mairan de l'Acad.
des Sciences l'a remarqué dans
fon Traité de l'Aurore Boreale

Au refte il faut ici prendre garde que ce n'eft pas par le
feul poids des molécules de l'Air
que ce fluide eft retenu autour

T

de la Terre ; car ce poids ne feroit pas capable de contenir des tourbillons , fur-tout ceux qui font à l'extrémité de l'atmof-phere , & qui tendant fans ceffe à s'agrandir , fe diffiperoient les premiers , & puis ceux qui les fuivent , & ainfi de fuite ; Mais les tourbillons de l'Air qui forment l'atmofphere devenant de plus en plus petits à mefure qu'ils s'éloignent de la Terre , ainfi que nous l'avons expliqué (Pr. 12. 6), font enfin équilibre à l'extrémité de l'atmofphere avec ceux de l'éther qui vont au contraire toujours en augmentant, lef-quels font équilibre avec tous ceux qui rempliffent le tour-billon de la Terre, & l'Univers entier.

PROPOSITION XIII.

Les expériences faites dans les In-des fur le Barometre par les Af-

tronomes de l'Académie, font une
fuite de la conftruction que nous
avons attribuée à l'Air.

Ces Meffieurs raportent (Mé-
moires de l'Académie de 1703.)
» Qu'un grand nombre d'expé-
» riences faites en Efpagne, en
» Italie, en Angleterre, & com-
» parées à celles que les Aftrono-
» mes de l'Académie de Paris,
» ont faites en même tems à
» l'Obfervatoire, ont fait con-
» noître, 1°. Que le Barometre
» y varie dans les mêmes cir-
» conftances de tems, & que ces
» variations y arrivent le plus
» fouvent les mêmes jours, prin-
» cipalement celles qui font
» promptes & fubites ; 2°. On a
» trouvé d'ailleurs que les varia-
» tions qui arrivent au Barome-
» tre font plus grandes dans les
» Païs Septentrionaux que dans
» les Méridionaux; Qu'en Suéde

» elles font la 13ᵉ partie de la
» plus grande hauteur du Baro-
» metre ; qu'elles y font plus
» grandes qu'en France, où elles
» ne font que la 17ᵉ partie ;
» Qu'en France elles font en-
» core beaucoup plus grandes
» qu'entre les Tropiques & vers
» l'Equinoxial où elles n'arri-
» vent point à la 50ᵉ partie.
» 3°. On a auffi obfervé que le
» Barometre fitué à une petite
» hauteur fur la furface de la
» mer, eft toujours refté plus
» bas dans les obfervations faites
» proche de l'Equinoxial , qu'en
» Europe.

Il eft facile de s'appercevoir
que tout cela ne vient que de ce
que la chaleur produite par les
rayons du Soleil étant plus forte
& plus égale fous l'Equateur &
fous la Zone Torride, que par de-
là les Tropiques ; les petits tourbillons de l'air y font conftam-

ment plus grands & plus en mouvement, ce qui les rend capables
de se charger d'une plus grande
quantité de molécules d'eau &
d'autres matieres héterogenes,
qui rendent l'Air plus pesant &
diminuent par conséquent son
élasticité. D'où il suit que le mercure ne s'élevera pas si haut dans
le Barometre sous l'Equateur
que dans nos régions ; sans qu'il
soit nécessaire de supposer que
l'extrémité de l'atmosphere y soit
moins éloignée de la superficie
de la Terre. Et l'action du Soleil
ou la chaleur étant plus égale
sous l'Equateur que dans nos
régions, la différence des hau-
teurs du Barometre ne doit pas
y être si considerable, ni en
France que dans les païs Septentrionaux ; où la différence du
chaud & du froid est constamment plus grande.

Personne que je sache n'a ex-

pliqué d'où vient que les variations promptes & fubites du Barometre arrivoient prefqu'en
même tems dans un grand païs
tel que l'Europe entiere. Mais fi
l'on confidere que la fufpenfion
du mercure dépend uniquement
du reffort de l'air, & que ce reffort
n'eft autre chofe que la force
centrifuge même des petits tourbillons dont il eft compofé, qui
tendent fans ceffe à fe mettre en
équilibre, & qui à caufe de leur
circulation très - prompte, ne
peuvent employer qu'un très-
petit efpace de tems à parvenir
à cet équilibre : on verra que fi
dans un certain païs comme la
France, par exemple, il arrive
que par quelque caufe que ce
puiffe être, l'élafticité de l'Air
reçoit tout d'un coup une augmentation ou une diminution
confiderable ; elle fe communiquera en fort peu de tems dans

toutes les régions voisines, parce
qu'on ne peut imaginer la promptitude avec laquelle les points
qui forment chacun des petits
tourbillons de l'Air, achevent
leur circulation autour des centres de ces petits tourbillons ; &
par conséquent la vitesse avec
laquelle cette augmentation de
force centrifuge se distribuëra
par tout également. D'où il suit
que par nos principes il n'est plus
surprenant que les variations
promptes & subites du Barometre arrivent presque dans le même tems dans une grande étenduë de païs. Donc, &c. C. Q. F.

PROPOSITION XIV.

*L'Air, ou le troisiéme élément, n'est
pas le seul milieu comprimant
qu'il y ait dans l'Univers. Et
l'on peut prouver par l'expérience
que le second & le premier élément sont des milieux dans les-*

T iiij

*quels la force de comprimer est
incomparablement plus grande.*

Avant les experiences de Boile on n'avoit qu'une connoiſſance très-legere de la dilatabilité & de la compreſſibilité de l'Air ; & juſqu'à préſent faute de s'être formé une idée diſtincte de la Matiere ſubtile, quoiqu'en ait fait pluſieurs expériences qui démontrent ſenſiblement ſon exiſtence, & qu'elle eſt doüée d'une force de reſſort incomparablement plus grande que n'eſt celle de l'Air, on s'eſt contenté d'admirer ces phénomenes ſans y rien comprendre.

On a bien expérimenté que deux marbres polis, ou un morceau de fer joint à une pierre d'aiman, ſe tenoient auſſi fortement attachés l'un à l'autre dans le récipient d'une machine

PROPOSITION XV.

Le retardement de la Pendule sous l'Equateur, n'est pas une conséquence nécessaire que la Terre soit un spheroïde applati.

Les Astronomes de l'Académie ont éprouvé dans leurs voyages, qu'à mesure que l'on s'approchoit de la Ligne équinoxiale, leurs pendules retardoient, & qu'il étoit nécessaire d'accourcir de quelques 2 ou 3 lignes la verge du balancier, pour les assujettir à battre les secondes. Ce qui marque que la cause de la pesanteur agit plus foiblement sous la Zone Torride, que dans nos Climats.

M. Newton a regardé cet effet comme une preuve convainquante que la Terre étoit un spheroïde applati du côté des Poles. Au lieu que par les mesures actuelles de M. Cassini, il paroît

Leçon VIII,   T v

plûtôt qu'elle soit un spéroïde allongé.

La raison de M. Newton est que la pesanteur décroissant en raison inverse du quarré de la distance au centre, plus les points de l'Equateur seront distans du centre de la Terre, par rapport aux points d'un des paralleles, moindre sera leur pesanteur. D'où M. Newton a conclu, que puisque la pesanteur des corps sur les points de l'Equateur est moindre que partout ailleurs, ces points sont les plus distans du centre; & que par conséquent la Terre est un sphéroïde applati.

Mais pour que cette conséquence fût nécessaire, il faudroit que cet effet ne pût absolument être rapporté qu'à cette premiere cause de la pesanteur. Car on ne doit avoir recours aux causes éloignées d'un effet qu'au défaut des causes prochaines & immédiates qui peuvent le produire.

Or il suffit ici de considerer
que la pesanteur (Pr. 7. 4) procede de l'élasticité des petits tourbillons, dont le grand tourbillon
de la Terre est formé; que par
conséquent elle procéde tant des
petits tourbillons de l'Air qui
composent son atmosphere, que
de ceux de l'Ether dont ceux-ci
sont formés. Or l'élasticité des
molécules de l'air devant être
moindre sous la Zone torride,
& à mesure qu'on s'approche de
l'Equateur, ainsi que nous l'a-
vons expliqué, (Pr. 13) à cause
que sous l'Equateur les petits
tourbillons de l'Air y doivent
être plus grands & plus chargés
de molécules pesantes que par
tout ailleurs. Il s'enfuit clairement qu'indépendamment de la
figure de la Terre, la pesanteur
des corps doit être moindre sous
l'Equateur que sous notre paral-

lele; & d'autant moindre que l'Air y est moins élastique & plus pesant que chez nous. C'est-à-dire, qu'à longueur égale, les vibrations du Pendule doivent être d'une plus longue durée sous l'Equateur que sous nos Zones, soit que la Terre soit spérique, soit qu'elle ait la figure d'un sphéroïde alongé; & cela par la seule raison que l'air y étant chargé d'un plus grand nombre de molécules plus dences que dans nos Climats, y est plus pesant, & par conséquent moins élastique. Donc, &c. C. Q. F. D.

REMARQUE.

On voit par là que rien n'échape à nos principes, que les effets qui paroissoient les plus difficiles à expliquer viennent comme d'eux-mêmes, & sans qu'on y ait pensé en les établissant, s'arranger sous ces principes, sans y causer aucun trouble.

du vuide, dont on avoit pompé
l'air, que dans l'Air libre &
qu'il falloit employer un auffi
grand poids pour les défunir
dans le vuide de Boile que dans
l'Air groffier : Mais aucun que je
fache n'a pû indiquer la caufe
mécanique de cet effet. Les
Difciples de M. Newton pourront l'attribuer tant qu'il leur
plaira à l'attraction pure & fimple ; comme ce n'eft là au fond
précifément qu'un grand mot,
qui ne nous inftruit de rien,
on trouvera bon que je dife ici
que cette expérience que Boile
& Mariotte ont exécutée avec
foin, eft une preuve évidente
que ce n'eft pas feulement l'Air
groffier qui eft capable de comprimer ces corps & les tenir attachés l'un à l'autre par fon élafticité, laquelle ayant été extrémement affoiblie dans la machine du vuide, n'y peut produire

cet effet ; que c'eſt auſſi la matiere étherée qui étant chaſſée
d'entre les deux ſuperficies con-
tiguës de ces corps, les preſſe
l'un contre l'autre avec toute ſa
force élaſtique, qui n'a pû être
diminuée dans la machine du
vuide, à cauſe que cette matiere
paſſe librement par les pores du
verre ; & les tient d'autant plus
fortement attachés l'un à l'autre, qu'il y a des points dans
ces ſuperficies qui s'entretouchent exactement, & que ſa
force centrifuge eſt plus grande
que celle de l'Air. De ſorte que
la force comprimante de l'Air
étant (Pr. 10. 6) très-petite par
rapport à celle de cette matiere
ſubtile, elle ne doit pas être
comptée lorſqu'elle y eſt ajoûtée.
Ainſi pour ſéparer dans le vuide
les deux marbres polis, il ne faudra y employer guere moins de
force que pour les ſéparer hors
du vuide.

Une autre expérience nous dé-
montre l'exiſtance de cette compreſſion de l'Ether. Huygens &
Mariotte ont éprouvé, qu'après
avoir bien purgé d'air un vaſe
plein de vif-argent, en le tenant
long-tems ſous le récipient de la
machine du vuide dont on a
pompé l'air, ſi l'on en remplit
exactement un tuyau de verre
long de 6 pieds, qui font 72
pouces, bouché hermetiquement par un bout, & qu'on le
plonge dans le reſte du vif-argent contenu dans le vaſe ; le
vif-argent contenu dans le tuyau
ne deſcend pas à l'ordinaire juſqu'à la hauteur de 28 pouces,
mais reſte tout entier dans le
tuyau & continuë à le remplir
exactement, à moins qu'on ne le
ſecouë aſſez rudement, ou que
quelque petite bulle d'air ne
s'en détache, & ne vienne s'appliquer contre le verre ; car

alors il defcend à l'ordinaire.

Je fçai bien qu'on a attribué
cet effet à la vifcofité du vif-
argent qui, à ce que l'on prétend,
s'attache au verre avec affez de
force pour foutenir feule un fi
grand poids. Mais il eft clair
qu'on ne nous en fournit aucune preuve, & que cette adhérence prétenduë du vif-argent
contre les parois du verre eft dé-
mentie par l'expérience. Car fi
la vifcofité du vif-argent étoit
capable de foutenir un poids plus
grand que celui de l'atmofphere, d'où vient qu'auffi-tôt que
quelques parcelles du vif-argent
fe font féparées de la fuperficie
interne du haut du tuyau, le vif-
argent tombe tout d'un coup, &
ne fe tient fufpendu dans le
tuyau qu'à la hauteur de 28
pouces ? Pourquoi, fi c'eft la
feule adhérence de fes parties,
contre toute la fuperficie interne

du tuyau qui le tient fuſpendu à
la hauteur de 72 pouces, cette
même adhérence auſſi-tôt qu'-
elle ceſſe en quelques-unes des
parties du verre ne ſoutient-
elle pas la colonne à la hauteur
de 60 pouces, de 50 pouces,
de 40 pouces, plus ou moins,
puiſqu'elle exiſte encore en toutes les autres parties? Pourquoi
le vif-argent, laiſſant contre la
ſuperficie du tuyau une legere
couche de ſes parties, que l'on
ſuppoſe y être ſi fortement attachées, tout le reſte de la maſſe ne
tomberoit-il pas? Eſt-ce que l'on
veut que l'adhérence des parties
du vif-argent les unes aux autres
ſoit auſſi grande que celle qu'on
imagine qu'elles ont au verre?
Tout cela eſt hors d'apparence
& trop contraire à ce que nous
connoiſſons de la viſcoſité.

Il eſt donc viſible que puiſque
cette adhérence du vif-argent

contre les parois du verre ne produit plus aucun effet fur le poids du vif-argent auffi-tôt qu'elle ceffe en un feul point de la fuperficie du verre, ce n'eft pas elle feule qui en foutient un poids énorme, lorfque le vif-argent moüille exactement toute la fuperficie interne du tuyau ; & qu'elle n'eft tout au plus que l'occafion de cet effet.

Cette expérience nous indique donc bien plutôt que les pores du vif-argent, lorfqu'on l'a purgé d'air, font fi ferrés que les molécules de l'éther même ne peuvent les pénétrer quoiqu'elles paffent à travers les pores du verre ; de telle forte que ces molécules du vif-argent exactement appliquées aux parois interieures du tuyau, bouchent les iffuës de fes pores, & empêchent que l'éther n'entre dans fa capacité. Ce qui fait que

toute la maſſe exterieure , non-
ſeulement de l'air groſſier , mais
auſſi celle de l'éther ou du ſecond élément , appliqué ſur la
ſuperficie du vif-argent contenu
dans le vaſe , ſoutient la colonne du vif - argent contenuë dans
le tuyau , & doit la ſoutenir à
une hauteur incomparablement
plus grande que ne fait l'air groſſier dont l'élaſticité eſt finie , ou
déterminée à 28 pouces , au lieu
que l'élaſticité de l'éther eſt
comme infinie.

Mais lorſque par quelques
ſecouſſes on détache quelque
particule du vif - argent de la
ſuperficie interieure du haut du
tuyau , ou qu'il ſort du vif-argent quelque bulle d'air qui
vient auſſitôt s'appliquer contre
la ſuperficie du haut du tuyau
& en ſépare le vif-argent ; Alors
l'éther entrant librement dans
le tuyau par les pores du verre ,

dont les parties du vif-argent ne bouchent plus les issuës, il n'est pas surprenant que le vif-argent tombe tout d'un coup, & ne s'y tienne plus suspendu que jusqu'à la hauteur de 28 pouces; puisque l'éther exterieur ne le soutient plus par son ressort; & de la même façon qu'il tomberoit jusqu'à la superficie du vase, si l'on faisoit un petit trou au haut du tuyau par lequel l'air exterieur pût entrer.

Il est donc constant par l'expérience; Que l'Air ou le troisiéme élément, n'est pas le seul milieu élastique & comprimant, qu'il y ait dans la nature. Que l'élasticité du second & du premier élément existe telle que nous l'avons décrite. Et qu'elle est incomparablement plus grande que celle de l'Air.

Fin de la 7ᵉ. Leçon.

LECON VIII.

DE L'EAU,

DE L'HUILE, DU FEU, &c.

PROPOSITION I.

L'experience apprend que l'eau pure est un milieu fluide, pesant, transparent & poreux ; sans couleur, sans odeur, sans saveur, douce au toucher, incapable de transmettre le son, que le poids ne peut comprimer sensiblement : mais que la chaleur dilate jusqu'à un certain point, que le froid condense & transforme en un corps dur, élastique & transparent, qu'on nomme Glace. *Ses parties sont*

V

indeſtructibles par aucun agent connu , quoiqu'elles ſe ſéparent aiſément l'une de l'autre ; Elles ſont plus ſubtiles que celles de l'air, & dans un perpetuel mouvement.

I. LA fluidité de l'Eau & ſa lubricité , ou le peu d'adhérence que ſes parties ont les unes aux autres, eſt telle que le moindre vent les ſépare & les diſſipe dans l'air. La chaleur en fait de même ; mais elle n'augmente pas ſenſiblement ſa fluidité. Car M. Newton a éprouvé par le mouvement du pendule , que la réſiſtance que l'Eau apporte à ſa diviſion étoit ſenſiblement égale , ſoit qu'elle fût froide & prête à ſe geler , ſoit qu'elle fût chaude & boüillante.

II. On a néanmoins éprouvé qu'un certain volume d'eau peſoit environ 8 ou 9 cens fois

plus qu'un pareil volume d'air
& 20 fois moins qu'un pareil
volume d'Or, ou que le poids
de l'Eau étoit à celui

De l'Or, est à 19636.
Du vif-argent, est à 14019.
Du Plomb, est à 13345.
De l'Argent, est à 10536.
Du Cuivre, est à 8843.
Du Fer, est à 7752.
De l'Eteim, est à 7321.
Du Granat, est à 3928.
Du Verre, est à 2805.
Du Sel, est à 1400.

environ comme 1000.

Que l'Huile du Vitriol pése
plus que l'Acide du Nitre.

L'Acide du Nitre plus que
l'Acide du Sel commun.

L'Acide du Sel commun plus
que le Vinaigre diftilé.

Le Vinaigre plus que l'Eau.

L'Eau plus que l'Huile de
Terebentine.

L'Huile de Terebentine plus
que l'Huile de Petrole.

V ij

L'Huile de Petrole plus que l'Efprit de vin, qui eft après l'air le plus leger de tous les fluides fenfibles.

III. Cependant l'Eau ne paroît contenir rien d'opaque, rien de rude qui puiffe la rendre fenfible au toucher, au goût, à l'odorat. L'Eau tiéde appliquée fur les parties de notre corps les plus fenfibles, comme fur le globe de l'œil, fur les plaies, n'y caufe aucune irritation ; Et lorfqu'on eft plongé dans l'Eau, on n'entend pas la voix de ceux qui crient ; ainfi elle ne paroît pas propre à tranfmettre le fon.

IV. L'Eau abfolument parlant eft dilatable & compreffible. Car la chaleur dilate l'Eau, & le froid la condenfe : mais on a éprouvé que depuis le dernier degré de la condenfation de l'Eau par le froid jufqu'au plus haut point de fa dilatation par la chaleur du feu, la difference de ſon volume ne va qu'à la 26 ou 27ᵉ partie du tout. Car nous avons vû par les experiences de M. de Reaumur, que l'Eau réduite à 400 meſures par le plus grand froid qu'elle puiſſe ſupporter avant que de geler, n'augmentoit ſon volume par le plus grand degré de chaleur dont elle eſt capable, que de 15 de ces meſures. Or 400 diviſé par 15 donne $26\frac{2}{3}$. On a encore obſervé qu'après que l'Eau a boüilli environ un quart d'heure, elle ceſſe d'acquérir de nouveaux degrés de chaleur, & que ſon volume ceſſe d'augmenter : mais qu'elle ſe diſſipe aiſément & ſe répand dans l'air en vapeurs.

V. La chaleur la plus grande ne peut détruire les molécules de l'Eau. Car on voit en Chimie qu'après avoir fait paſſer l'Eau par tous les états où l'art & la

nature peut la réduire, fes parties difperfées dans l'air ou contenuës depuis un très-long efpace de tems dans les pores des
corps qui nous paroiffent les
plus fecs, étant de nouveau réu-
nies, elles reviennent toujours
à compofer la même Eau; laquelle n'eft jamais fenfiblement
ni plus denfe, ni plus pefante,
ni plus rare, ni plus fubtile, ni
plus légere qu'elle eft ordinairement. Ce qui prouve que fes
molécules font comme indef-
tructibles.

VI. Les molécules de l'Eau
paffent par des iffuës beaucoup
plus étroites que celles par où
peuvent paffer les molécules de
l'air, elles pénétrent les pores
de la plûpart des bois, du cuir,
&c. par où celles de l'air, quoiqu'extrêmement comprimé, ne
peuvent s'infinuer. Car fi l'on
verfe de l'eau autour du réci-

pient de la Machine du vuide, & qu'on en pompe l'air, on voit que l'Eau s'infinuë à travers les pores du cuir fur lequel le récipient eft pofé, & qu'elle entre dans fa capacité. Ce que l'air ne peut faire, quoique l'effort qu'il fait pour y entrer foit capable de foûtenir un très-grand poids. Mais les molécules de l'Eau ne pénétrent jamais les pores d'aucun métal, quelque mince qu'il puiffe être, ni ceux du verre, de certains bois durs, refineux, & d'autres matieres femblables. Et ni la chaleur, ni la preffion la plus grande, ne peut les y contraindre; au contraire les molécules de l'Eau chaude ne paffent pas par les iffuës par lefquelles celles de l'Eau froide paffent. On a gardé à Rome des fiécles enters de l'eau renfermee dans une bouteille de verre fcellée hermetiquement,

fans qne fon volume ait diminué.(Boirav. Chem. T. 1. p. 300.)

VII. L'Eau diffout plufieurs
matieres, foit plus foit moins
pefantes, & les tient également
difperfées dans les moindres parties de l'efpace qu'elle occupe,
après les avoir divifées en de fi
petites parties qu'elles deviennent invifibles. De forte que
quelque foin que l'on prenne,
quelque opération que l'on faffe,
on ne peut jamais féparer l'Eau
de quantité de differentes parties
heterogenes, répanduës dans
tout l'efpace qu'elle occupe ; ce
qui prouve évidemment que les
molecules de l'Eau font dans un
perpetuel mouvement, & que
l'Eau eft remplie de pores qui
donnent entrée à ces petits corps
& les retiennent fufpendus malgré leur pefanteur plus grande
ou moindre que celle de l'Eau.

VIII. Cependant l'Eau ne fe
mêle

mêle que très-difficilement avec
l'air. Car si l'on prend une bouteille de verre à long col (fig. 49)
à demi pleine d'eau, & qu'on la
renverse dans un vase ou il y
ait de l'esprit de vin coloré ; on
voit que l'esprit de vin traverse
l'eau sans s'y arrêter & va s'étendre sur sa superficie sans se mêler
avec l'eau, à moins qu'on ne se-
couë la bouteille. Mais s'il n'y a
que de l'air dans le vase, l'eau
reste dans la bouteille, & l'air
quoi qu'incomparablement plus
leger que l'esprit de vin, ne passe
pas à travers l'eau, à moins qu'on
ne panche la bouteille ; & même
de cette façon l'air ne gagne le
dessus de l'eau qu'en grosses bulles, dont les parties ne se mêlent
en aucune façon avec celles de
l'eau. On aura beau laisser un
an entier une telle bulle d'air
AB au haut de la bouteille, jamais cet air n'entrera dans l'eau

X

foit qu'on l'échauffe, foit qu'on le refroidiffe, foit qu'on le comprime. Si l'on prend une bouteille à demi pleine d'eau, & qu'après l'avoir bouchée on vienne à la fecoüer fortement, on éprouve que l'air, qui s'eft d'abord répandu & divifé dans l'eau en très-petites bulles, s'en fépare à l'inftant qu'on ceffe de remuer la bouteille; fans qu'il paroiffe que le volume d'eau ait augmenté, ni celui de l'air diminué d'aucune quantité fenfible; ce qui prouve évidemment que l'air ne fe mêle que très-difficilement avec l'eau.

IX. Cependant on a déja remarqué que l'eau fe répand aifément dans l'air, & que lorfqu'on met un vafe à demi plein d'eau fous la machine du vuide, & qu'on vient à pomper l'air qui y eft contenu, il fort de l'eau une grande quantité de bulles d'air de la même façon que lorfqu'elle boût fur le feu. De forte que la quantité d'air qui peut fortir d'un certain volume d'eau eft fi confiderable, qu'elle occupe fouvent un efpace plus grand que n'eft le volume d'eau d'où il eft forti, fans que le volume de l'eau ait fenfiblement diminué.

Ce font là les principales proprietés de l'Eau qui peuvent nous fervir à déterminer fa nature, nous aurons lieu dans la fuite de parler de celles que l'on découvre en la comparant avec les autres matieres.

PROPOSITION II.

L'Eau ne peut être un milieu compofé de petites parties longues & pliantes, ni de globules durs & fans reffort, &c.

Defcartes avoit compté pouvoir fatisfaire aux phénomenes

de l'Eau , en fuppofant que ce milieu étoit compofé de petites parties longues , fines , & pliantes , continuellement agitées par une matiere fubtile , dont les parties pouvant fe mouvoir en tous fens , comme il fe l'étoit perfuadé , communiquoient ce même mouvement aux parties de l'eau.

Mais outre que cette foupleffe, qu'il attribuoit aux parties de l'eau , indique même felon fes principes un arrangement exquis dans les parties de ces petits corps , plus difficile à expliquer que les propriétés de l'Eau ; il eft d'ailleurs conftant que Defcartes n'avoit pas connu auffi diftinctement que l'expérience nous l'a montré depuis, ni la pefanteur , ni l'élafticité prodigieufe de l'air, lequel s'appuyant fur la furface de l'eau , n'auroit pû manquer d'en faire fortir toute cette matiere fubtile, dans laquelle il étoit néanmoins néceffaire, fuivant l'idée de Defcartes, que les parties longues & pliantes, dont il compofoit l'eau, y nageaffent librement; comme on contraint l'eau de fortir d'une éponge en la preffant fortement entre les doigts.

De forte que l'Eau de Defcartes étant maintenant comme fous un preffoir qu'on ferreroit outre mefure, il n'eft pas poffible de penfer qu'une matiere très-fubtile ayant d'abord été renfermée dans fes pores, n'en eût pas été depuis long-tems chaffée: que fes parties fuppofées fouples ne fe fuffent pas jointes les unes aux autres dans toute leur longueur, & qu'elles n'euffent pas dû par conféquent compofer depuis long-tems un corps dur, fans efperance qu'il pût jamais redevenir fluide.

X iij

Je ne m'arrêterai qu'à cette confideration, pour faire remarquer ici, que c'eſt maintenant contre toute raiſon que la plûpart des Phiſiciens d'aujourd'hui s'attachent ſi fort à l'idée de Deſcartes, qui ne peut en aucune forte ſe ſoutenir, après qu'on a vû les expériences de Boile ſur la peſanteur & l'élaſticité de l'air; & que pour empêcher que l'eau ne ſoit toujours gelée ou qu'elle ne compoſe un corps dur, il ne ſuffit pas de transformer les Anguilles de Deſcartes en des Globules durs, ou leur attribuer telle autre figure que ce puiſſe être; mais qu'il eſt abſolument néceſſaire de concevoir dans chaque molécule de l'eau une force inteſtine capable de balancer le grand effort que l'air emploie à les comprimer. Donc, &c. C. Q. F. D.

PROPOSITION III.

L'Eau n'est pas, absolument parlant, incompressible par le poids.

On a jugé que l'Eau étoit incompressible par le poids, à cause qu'ayant rempli d'eau une sphere creuse formée d'une lame d'or très mince, & l'ayant mise sous une presse, on n'avoit pû lui faire changer de figure, ni contraindre l'eau à transpirer ou à passer à travers les pores de l'or. Et quoique Boile ait remarqué que dans la machine du vuide, l'eau déchargée du poids de l'atmosphére occupoit un volume tant soit peu plus grand, on s'est efforcé de n'attribuer cette dilatation sensible qu'à l'air qu'on s'est imaginé qu'elle contenoit dans ses pores, comme s'il étoit absolument impossible que les parties de l'eau fussent susceptibles de cette proprieté.

X iiij

Mais comme nous fçavons que l'Eau eft dilatable par le chaud, & compreffible par le froid, nous connoiffons par-là, qu'abfolument parlant, l'Eau eft dilatable & compreffible. D'où il fuit que, quoiqu'on en ait pû dire, la moindre force doit la comprimer, & que tout ce que l'expérience peut nous indiquer fur ce point eft, que la compreffibilité de l'Eau eft infenfible par rapport à celle de l'air. De forte que le plus grand poids dont nous nous puiffions fervir à cet effet, ne produit fur l'Eau qu'une compreffion imperceptible à nos yeux, laquelle néanmoins ne laiffe pas d'être très-réelle. Au lieu que l'air peut être comprimé par le poids jufqu'à un tel point, qu'il n'occupera que la 520 miliéme partie du volume qu'il peut occuper lorfqu'il eft déchargé du poids de l'atmofphere , ainſi que nous l'avons déja dit. Donc, &c. C. Q. F. D.

PROPOSITION IV.

L'Eau eſt un milieu formé de petits tourbillons du ſecond élément, compoſé d'autres tourbillons encore plus petits , qui ont chacun un globule peſant à leurs centres , & qui circulent autour d'un globule principal qui eſt au centre de chaque petit tourbillon de l'Eau.

Comme il ne faut pas ici ſe contenter d'un mot, qui pourroit bien exprimer cette force inteſtine , dont nous voyons par l'experience que les molécules de l'eau ſont pourvuës , mais qui ne la donneroit pas ; & qu'il ne faut pas auſſi multiplier les principes ſans néceſſité , ni imaginer de nouvelles diſpoſitions dans la matiere préciſément à cauſe du beſoin qu'on en peut avoir dans tel & tel cas particulier, & fans dire d'où elles peuvent procéder; la raifon veut que nous examinions attentivement les principes que nous avons déja établis pour voir fi nous n'en pourrons pas déduire la conftruction mécanique des molécules de l'Eau, en comparant ces principes avec les proprietés de l'Eau que l'experience nous a fournies. Ainfi,

1°. Comme nous avons déja remarqué (Pr. 4. 6) que lorfque le globe de la Terre s'eft formé au centre de fon grand tourbillon, de petits globes pefans ont pû fe former de la même façon aux centres de la plùpart des petits tourbillons de tous les ordres, dont fon grand tourbillon eft compofé ; que d'ailleurs l'expérience nous apprend que l'Eau eft fluide, & que nous fçavons (Pr. 5. 7) qu'un fluide ne peut être qu'un amas de petits tourbillons, c'eſt une néceſſité d'en conclurre que l'Eau eſt un amas de petits tourbillons qui ſe balancent mutuellement.

2°. La même expérience nous apprenant encore que l'Eau eſt un fluide peſant, nous ne pouvons manquer d'ajoûter que les petits tourbillons, dont nous venons de voir que l'Eau doit être compoſée, ont chacun à leur centre un petit globe peſant, lequel (Pr. 5. 6) communiquera à ces petits tourbillons toute ſa peſanteur.

3°. Et parce que nous ſçavons encore qu'un certain volume d'eau péſe 8 ou 9 cens fois plus qu'un pareil volume d'air, nous ſommes comme forcés de reconnoître par cette raiſon, & par pluſieurs autres, dont nous parlerons dans la ſuite, que les petits tourbillons du ſecond ordre, dont ceux de l'eau ſont compo-

fés , ont auffi chacun à leur centre des petits globes pefans , qui
circulent autour d'un globule
principal , qui eft au centre de
chacun des précédens ; de la
même façon que les Satellites
de Jupiter circulent autour de
cet Aftre.

4°. Mais comme il ne faut pas
ici abufer des petits tourbillons,
comme on a fouvent abufé des
figures & autres propriétés de la
matiere , en les employant fans
fçavoir précifément d'où ils viennent , ni comment ils peuvent
fubfifter dans la matiere (ce qui
feroit ce qu'on appelle aujour-
d'hui former une hipothefe nouvelle & odieufe) fachant d'ailleurs que lorfqu'on met un vafe
à demi plein d'eau fous le récipient de la machine du vuide ,
& qu'on pompe l'air qui y eft
contenu , l'eau ne fe dilate pas
dans cette opération , comme

nous fçavons qu'il arrive à une petite bulle d'air renfermée dans une veſſie de carpe ; on voit par cette obſervation que les petits tourbillons de l'eau ne balancent pas avec ceux de l'air, mais avec les petits tourbillons du ſecond élément, qui eſt cette matiere ſubtile qui ſe détachant des petits tourbillons de l'air qu'elle forme, entre dans le récipient par les pores du verre, à meſure qu'on en pompe l'air groſſier, & va augmenter le volume des petits tourbillons de l'air qui reſſe dans le récipient.

D'où il ſuit enfin que l'eau ne peut être autre choſe qu'un amas de petits tourbillons du ſecond élément compoſés de petits tourbillons du premier élément, leſquels ont chacun à leur centre un globule peſant qui circule autour du globule principal qui eſt au centre de chacun des petits

tourbillons de l'eau. Donc, &c.
C. Q. F. D.

REMARQUE.

L'imagination du commun des Phisiciens se perdra peut-être dans la consideration de tant de petits corps qui concourent à la formation d'une molécule de l'eau. Si cependant ils veulent bien prendre la peine de considerer qu'il ne s'agit ici au fond que d'un simple mouvement circulaire, dont nous connoissons toutes les proprietés, attribuées à de petits globes pesans, dont nous n'ignorons ni l'origine, ni la formation ; je m'assure qu'ils pourront cesser de s'étonner, sur-tout s'ils considerent qu'il n'est pas plus difficile de concevoir que de très-petits globes circulent autour d'un centre commun dans un très-petit espace que de concevoir que de

grands globes tels que les Planetes circulent autour du Soleil
dans les espaces immenses du
Ciel ; puisque le grand & le petit deviennent indifferens auffi-
tôt que l'on convient que la matiere eft divifible à l'infini ; & que
l'on voit d'ailleurs par l'experience que les molécules de l'eau
font imperceptibles à nos yeux ,
aidés même du meilleur microfcope.

PROPOSITION V.

De cette notion claire , diftincte &
purement mécanique de la ftruc-
ture des molécules de l'eau , on en
conclurra fans peine fa fluidité ,
fon élafticité , fa pefanteur , fa
tranfparence , fon infipidité , &c.

1°. L'Eau étant un compofé
de petits tourbillons qui font
équilibre avec les petits tourbillons du fecond élément, quel-

que grande que soit sa force élastique de ce milieu, laquelle surpasse comme infiniment celle de
l'air; il n'y aura cependant aucun des petits tourbillons de
l'eau qui n'ait autant de force
centrifuge que tel que ce soit des
petits tourbillons du second élément. Il sera donc seul capable
de balancer tout leur effort, puisqu'il n'y a pas plus de raison que
l'un de ces petits tourbillons, tant
de l'eau que de l'éther, soit plûtôt accablé que l'autre; ils s'en-
tresoutiendront donc tous également & ne se toucheront tous
deux à deux qu'en un seul point.
Ce qui (Pr. 5. 6) est l'indice la
plus parfaite de la fluidité; L'eau
sera donc fluide.

2°. Et comme (Pr. 7. 3) un
milieu composé de petits tourbillons est élastique, l'eau sera
élastique, & son élasticité sera
d'autant plus ferme que celle de
l'air

l'air, que les tourbillons dont
elle eſt formée ſont plus petits
que ceux dont l'air eſt formé.
Car de croire qu'il faille juger
de la force élaſtique d'un corps
par ſa dilatabilité, c'eſt une erreur groſſiere : une boule d'yvoire
par exemple, quoiqu'elle ne ſoit
pas dilatable comme l'air, n'eſt-
elle pas élaſtique ? & ſon élaſticité n'eſt-elle pas incomparablement plus promte & plus ferme
que n'eſt celle d'un balon plein
d'air, qui s'affaiſſe & ſe rétablit
avec une lenteur ſenſible ? En
un mot la ſurface de l'eau réflé-
chit les rayons de lumiere de telle
ſorte que l'angle de réfléxion eſt
égal à l'angle d'incidence, & c'eſt
là évidemment l'effet de l'élaſticité la plus parfaite, comme M.
Moiran l'a démontré, *Mem.* 1722.

3°. L'Eau pourra auſſi être
ſans odeur, ſans ſaveur, & dou-
ceau toucher; parce que faiſant

Y

équilibre avec les humeurs de notre corps, elle ne pourra pas y produire des impreffions vives, ni caufer des ébranlemens confiderables dans nos fibres, qui puiffent exciter en nous d'autres fenfations que celles qui fe rapportent au fimple toucher. Et les petits tourbillons de l'eau étant d'un genre different de ceux de l'air, & compofant un milieu beaucoup plus denfe, ou plus chargé de matiere pefante que l'air, les vibrations produites dans l'air par les corps fonores, ne pourront pas fe tranfmettre dans l'eau de la même façon que l'air les reçoit. Ainfi le fon d'une cloche, par exemple, ne fe fera pas entendre dans l'eau. Donc, &c. C. Q. F. D.

PROPOSITION. VI.

Les petits tourbillons de l'Eau feront plus grands que les petits tourbillons du fecond élément.

Quoique l'Eau ne soit composée, selon ce que nous venons
de dire, que de petits tourbillons du second élément devenus
pesans, & qui à cause de leur pesanteur s'étant détachés des petits tourbillons du troisiéme, ont
formé un milieu à part sans cef-
ser de faire équilibre avec les
petits tourbillons du second élément, dont les tourbillons du
troisiéme élément sont formés ;
ce n'est pas à dire pour cela que
les petits tourbillons de l'eau ne
puissent & ne doivent être plus
grands que ceux du second élément, dont ceux de l'air ou du
troisiéme élément sont formés ;
à cause que les petits tourbillons de l'eau, étant chargés de
globules pesans, il ne faut pas
que leurs parties pesantes, ni
celles qui les entrainent circulent aussi promptement que celles d'un petit tourbillon du se-

cond élément, pour avoir autant de force centrifuge que ce dernier ; ainſi que nous l'avons expliqué (Pr. 6. 6). De ſorte que le diamétre des molécules de l'eau pouvant être double ; par exemple, de celui des molécules du ſecond élément, ſans néanmoins ceſſer de faire équilibre avec elles , & par conſéquent 8 fois auſſi groſſes , elles ne pourront paſſer par les pores du verre , des métaux , des bois durs , &c. par leſquels celles de l'éther pourront aiſément paſſer. Mais elles paſſeront par les pores de pluſieurs autres corps , par où les molécules de l'air ne pourront paſſer , à cauſe que ces derniers ſont des tourbillons du troiſiéme élément , & par conſéquent toujours beaucoup plus grands que ceux de l'eau , qui ne ſont de guére plus grands que

ceux du fecond élément. Donc,
&c. C. Q. F. D.

PROPOSITION VII.

*L'Eau ne pourra être fenfiblement
dilatée par la fuppreffion du poids
de l'atmofphere, ni fenfiblement
comprimée par aucun poids dont
nous puiffions faire ufage à cet
effet.*

I. Si l'on met fous le récipient
de la machine du vuide un gobelet à demi plein d'eau, & qu'on
en pompe l'air : l'eau quoique
capable de rarefaction, comme
on l'a prouvé (Pr. 3), n'occupera pas pour cela, comme l'air,
un volume fenfiblement plus
grand, quoiqu'elle ceffe d'être
comprimée par le poids de l'atmofphere ; parce que ce ne font
pas immédiatement les molécules de l'air, ou les tourbillons
dont il eft compofé, qui font

équilibre avec ceux de l'eau, &
qui les compriment & les contiennent dans le volume qu'ils
occupent ordinairement : mais
que ce font les petits tourbillons du fecond élément dont
les tourbillons de l'air font formés, qui produifent cet effet,
& dont la force centrifuge eft
incomparablement plus grande
que celle des tourbillons de l'air ;
laquelle n'a pas diminué par
l'exercice de la pompe : à caufe
que les tourbillons de l'éther
peuvent paffer à travers les pores
du verre, & entrer dans le récipient à mefure qu'on le vuide
d'air groffier.

De forte que fi par quelque
moyen poffible on pouvoit retirer l'éther même du récipient,
& empêcher qu'il n'y rentrât
par les pores du verre, l'eau ne
manqueroit pas auffi-tôt de s'é-
tendre comme l'air, puifqu'on a

vû (Pr. 3) qu'elle étoit dilatable, & que la chaleur la raréfioit en effet. Mais les petits tourbillons du fecond élément compris dans le récipient, communiquant par les pores du verre avec tous ceux du même genre qui rempliffent l'Univers, faifant équilibre avec eux, comme ils le faifoient hors du récipient, & n'ayant par conféquent perdu aucun degré de leur élafticité par l'exercice de la pompe, comprimeront toujours chacun des petits tourbillons de l'eau, de la même façon qu'ils le faifoient avant qu'on l'eût exercée ; Ainfi l'eau y demeurera dans fes bornes accoutumées.

II. L'effort centrifuge des tourbillons du fecond élément eft fi grand (Pr. 7. 7), que celui que nous pourrions y ajoûter par le poids eft infenfible à fon égard. De forte qu'il n'y a uniquement

que l'action feule du feu qui eft
la plus grande que nous connoif-
fions, qui puiffe être capable de
furpaffer tant foit peu cet effort.
D'où il fuit que nous pouvons
dire avec raifon que l'eau ne
peut être fenfiblement comprimée par aucun poids que nous
puiffions employer à cet effet.

REMARQUE.

Suppofons, pour un plus grand
éclairciffement, que l'atmofphere ne foit d'abord remplie
que des tourbillons du fecond
élément, & de ceux de l'eau;
& que les forces centrales centrifuges de tous ces tourbillons
font en équilibre. D'abord on
conçoit que les tourbillons de
l'eau, étant plus pefans que ceux
de l'éther, tomberont au fond;
& y formeront l'eau; Et que
quoique les petits tourbillons
dont elle fera compofée, ten-

dent

dent à s'agrandir & à occuper
un plus grand espace, ou que
l'eau tende à se dilater ; on concevra néanmoins qu'elle en sera
empêchée par la force centrifuge des petits tourbillons de
l'éther qui seront par-dessus, &
qui faisant équilibre avec ceux
de l'eau, les comprimeront &
les retiendront dans leurs bornes.

Supposons maintenant, que
ces tourbillons de l'éther, ou du
second élément, sans cesser de
circuler autour de leurs propres
centres, étant distribués en plusieurs petits tas égaux, ces tas
soient chacun transformés en
un petit tourbillon ; le milieu
que ces nouveaux tourbillons,
composés de petits tourbillons de
l'éther, formeront, sera ce que
nous avons appellé l'Air, & ces
nouveaux tourbill. n'empêche-
ront pas que ceux de l'éther dont

ceux-ci font formés, ne continuënt à comprimer comme auparavant les molécules de l'eau ; au contraire ils contribuëront encore à les comprimer plus fortement ; mais leur élasticité étant (Pr. 10. 6) comme infiniment petite par rapport à celle des petits tourbillons de l'éther, le degré de compreffion qu'ils fourniront fera infenfible. C'eft pourquoi l'air étant ôté de deffus la fuperficie de l'eau, par le moïen de la machine de Boile, fans qu'on en ait pû ôter l'éther, qui paffe à travers les pores du verre. L'eau reftera fenfiblement dans le même état, & n'occupera pas à nos yeux un volume plus grand que celui qu'elle occupoit avant l'opération. Ce qui eft diftinctement tout ce que l'expérience nous indique fur ce point.

PROPOSITION VIII.

La rarefaction de l'Eau par le chaud, & sa condensation par le froid, est une suite nécessaire de la construction que nous lui avons attribuée.

Car le chaud, qui ne consiste que dans une augmentation du mouvement dans toutes les moindres parties de la matiere qui le reçoit, augmentant nécessairement le mouvement circulaire, & par conséquent la force centrale des petits tourbillons dont cette matiere est formée, c'est une nécessité que ces petits tourbillons s'agrandissent ; il n'est donc pas surprenant que l'eau chaude occupe un plus grand volume que lorsqu'elle est dans' son état naturel. Mais ce ne sera que dans la suite que nous pourrons expliquer d'où vient qu'elle n'augmente foi, volume que jufqu'à un certain point.

Au contraire le froid, ou la diminution du mouvement des particules qui compofent les petits tourbillons de l'eau, diminuant leurs forces centrifuges, il eft clair qu'il faudra néceffairement que les tourbillons dont elle eft formée deviennent plus petits pour fe mettre en équilibre avec les tourbillons du fecond élément, qui auront auffi diminué par le froid, & par conféquent que le volume d'eau qu'ils compofent diminuë par le froid, ainfi que l'expérience nous l'apprend. Donc, &c. C. Q. F. D.

REMARQUE.

S'il arrive, par exemple, que le vent foufflant du côté du Nord, entraîne les petits tourbillons de l'air qui font voifins des poles de

la Terre, & qui par leur éloi-
gnement de l'action du Soleil,
qui eft plus forte fous l'Equateur, font néceffairement plus
petits que ceux de notre climat,
ces tourbillons de l'air, & par
conféquent ceux de l'éther qui
les compofent, s'étendant fur la
fuperficie de l'eau, & les points
dont ils font formés achevant
leurs révolutions d'autant plus
promptement que ne font ceux
de l'eau, qu'ils font plus petits;
ces petits tourbillons de l'air,
dis-je, venus du Nord, s'agrandiront néceffairement aux dépens de ceux de l'eau. D'où il
fuit que les tourbillons de l'eau
qui font à la fuperficie étant devenus plus petits, s'agrandiront
à leur tour aux dépens de ceux
qui font deffous, & ainfi de
fuite jufqu'au fond de l'eau. Si
bien qu'en peu de tems tous les
petits tourbillons de l'eau auront

diminué de volume, & conti-
nuëront de le faire tant que le
vent continuëra d'emmener sur
la surface de l'eau de nouveaux
tourbillons d'air plus petits
que les précédens, qui se feront
agrandis aux dépens de ceux de
l'eau.

Mais si le vent vient à souf-
fler du côté du Sud, les petits
tourbillons de l'air qu'il entraî-
nera, & par conséquent ceux
de l'éther, dont les tourbillons
de l'air sont formés, s'appli-
quant sur la superficie de l'eau,
& étant plus grands que ceux
que le vent en aura chassé, les
points qui les forment acheveront leur révolution d'autant
plus lentement, & auront par
conséquent d'autant moins de
force centrifuge, qu'ils seront
plus grands; d'où il suit que les
petits tourbillons de l'eau s'a-
grandiront à leurs dépens, &

que par conféquent l'eau occupera un plus grand volume.

PROPOSITION IX.

*L'Huile n'eft pas, comme on le pré-
tend communément, un amas
de petites parties branchuës, &
entrelaffées les unes dans les autres; mais un amas de petits tourbillons du premier élément, compofés de tourbillons incomparablement plus petits, qui ont chacun un globule pefant à leur
centre.*

L'Air, l'Eau & l'Huile, ont
des rapports mutuels qui font
qu'on ne peut bien connoître
certaines proprietés de l'un de
ces milieux indépendamment
de la notion claire & diftincte
des autres, ce qui nous oblige
avant que d'aller plus loin de
déterminer par le principe mécanique, que nous avons éta-

bli dans les Leçons précédentes quelle peut être la ſtructure des molécules de l'Huile. Mais il faut remarquer que par les molécules de l'huile, nous n'entendons pas parler ici de celles de l'eau, & autres matieres hétérogenes auſquelles les parties propres de l'huile, telle qu'elle paroît à nos ſens, ſont ordinairement unies ; nous entendons uniquement parler de cette matiere inflammable à laquelle les Chimiſtes ont donné le nom de Soufre, & qui ſe rencontre communément dans l'eſprit de vin, par exemple, ou dans le ſoufre commun. On a éprouvé en Chimie que de 16 onces de ſoufre commun, on en retiroit 14 onces d'acide, qui eſt une eſpece d'eau nullement inflammable lorſqu'elle eſt ſeule ; d'où il ſuit qu'une livre de ce mineral qui ſe réduit ſi facilement en flâme, ne

contient néanmoins que deux
onces de cette matiere inflam-
mante ou de cette huile dont
nous parlons.

La facilité avec laquelle l'huile s'enflâme , & l'adhérence de
ses parties les unes aux autres,
ont porté les Phisiciens à juger
que l'huile n'étoit qu'un composé de petites parties branchuës
entrelassées les unes dans les autres , & qui ne recevoient du
mouvement que de la matiere
subtile. Mais nous avons déja
montré, en parlant de l'air & de
l'eau , l'impossibilité qu'il y a
qu'un fluide , quel qu'il puisse
être , soit construit de cette sorte.
Et cette proprieté qu'a l'Huile
de recevoir une si grande impression du feu , doit bien plutôt
nous faire juger que ses molécules ont un rapport immédiat
avec les petits tourbillons du
premier élément , dans lequel

réfide le plus grand mouvement,
& que nous devons par conféquent regarder comme étant la
vraie origine du feu.

C'eft pourquoi comme nous
avons vû que les molécules de
l'air n'étoient autre chofe que
des tourbillons du troifiéme élément qui s'étoient détachés de
ceux qui compofent le grand
tourbillon de la Terre, lefquels
s'étant chargés chacun d'un globule pefant, étoient devenus pefans, & s'étoient par ce moyen
approchés de fa fuperficie, autour de laquelle ils avoient formé l'atmofphere. Et,

Que les molécules de l'eau
n'étoient autre chofe que des
petits tourbillons du fecond élément, lefquels s'étant auffi chargés chacun de plufieurs globules pefans, s'étoient détachés du
troifiéme élément, & avoient
formé un milieu fluide diftin-

gué du fecond élément , fans
pour cela qu'ils ayent ceffé d'ê-
tre en équilibre avec les petits
tourbillons du fecond élément ;
& que ces molécules de l'eau
ne differoient de celles de l'air
qu'en ce qu'elles étoient incomparablement plus petites & chargées d'un plus grand nombre de
globules pefans.

Nous devons penfer de même,
que les molécules de l'Huile ne
font autre chofe que de petits
tourbillons du premier élément,
lefquels s'étant chargés chacun
de plufieurs globules pefans , fe
font détachés du fecond élément,
& ont formé un milieu à part,
fans ceffer de faire équilibre
avec les tourbillons du premier
élément ; Et que ces molécules
ne differeront de celles de l'eau
qu'en ce qu'elles feront incomparablement plus petites.

De forte que comme nous

avons vû que non-seulement
les petits tourbillons de l'eau
étoient chargés chacun d'un
globule pefant, mais qu'ils en-
trainoient encore autour de ce
globule principal un grand cor-
tege d'autres tourbillons incomparablement plus petits, qui
avoient auffi chacun à leur centre un globule pefant, nous devons penfer qu'il en eft de même de ceux de l'huile, & qu'ils
ne different de ceux de l'eau que
parce qu'ils font incomparablement plus petits, & qu'ils balancent avec les tourbillons du
premier élément ; au lieu que
ceux de l'eau ne balancent
qu'avec les tourbillons du fecond élément.

Et qu'on ne dife pas que c'eft
pouffer trop loin la divifion actuelle de la matiere, & attribuer à l'Huile une conftruction
trop délicate ; Car outre que

cette conſtruction ne renferme rien qui ne ſoit intelligible, ceux qui refuſeront de l'admettre n'auront pas conſideré avec aſ-ſez d'attention les opérations de la Chimie ; ils n'auront pas exa-miné les effets ſurprenans qu'-elle offre à notre vûë, ils n'au-ront pas tenté d'expliquer ces ef-fets par un mécaniſme clair & intelligible ; ils n'auront pas fait attention que nous avons des exemples d'une diviſion qui ſurpaſſe encore de beaucoup celle que nous ſuppoſons ici. Car c'eſt une commune opinion, que toutes les parties organiques d'un chêne, par exemple, dont les racines & les branches oc-cupent un ſi grand eſpace, ont été contenuës dans le germe, qui eſt un point inſenſible en-fermé dans le gland qui a ſervi de premiere nourriture à ce grand arbre, & que toutes ces parties organiques contenuës dans ce germe, n'ont fait que se dévelo-per & s'étendre au moyen du suc que les racines du chêne ont tiré de la terre. Or cela étant sup-posé comme constant & indubi-table, il me paroît qu'on ne peut plus refuser d'admettre la divi-sion actuelle que nous introdui-sons ici, sous prétexte qu'on ne peut que difficilement l'imagi-ner; puisqu'il est évident qu'elle pourroit même être portée plus loin sans aucune absurdité. Et qu'il vaut infiniment mieux prendre ce parti pour rendre rai-son des effets de la nature par les seules loix des mécaniques, que d'avoir recours à des cau-ses purement métaphisiques, que l'imagination seule a pû nous suggerer & sur lesquelles l'esprit n'a aucune prise.

Or il suit de nos suppositions. 1°. Que, quoique les petits tourbillons de l'Huile foient de même genre que les petits tourbillons fubalternes, dont ceux de l'eau font formés, & qu'ils ayent les uns & les autres chacun un globule pefant à leur centre, ils feront néanmoins très-differens en ce que ceux de l'Huile feront compofés d'autres petits tourbillons qui auront chacun un globule pefant à leur centre.

2°. Que ces molécules de l'huile feront des tourbillons plus grands que ceux du premier élément, & même plus grands que les petits tourbillons fubalternes qui compofent les petits tourbillons de l'eau, & qui n'ont chacun qu'un feul globule à leur centre. Et que quoiqu'ils foient les uns & les autres des tourbillons du premier élément, & qu'ils faffent entr'eux équilibre, les molécules de l'huile qui font des tourbillons compofés d'autres pe-

tits tourbillons, qui ont chacun
un globule pefant à leurs centres, & qui font aux molécules
de l'eau ce que celles de l'eau
font à celles de l'air, ne fe confondront pas avec celles de l'eau,
par la même raifon que nous
avons vû (Pr. 6) que les petits
tourbillons de l'eau devoient
être plus grands que ceux du fecond élément, dont les tourbillons de l'air font formés, quoiqu'ils faffent équilibre avec eux ;
& qu'ils ne fe confondoient pas
avec ceux de l'air.

3°. Or de ce que les petits tourbillons de l'Huile font équilibre
avec ceux du premier élément,
il s'enfuit qu'il y aura une communication immédiate du mouvement des parties du premier
élément, qui eft l'élément du
feu, à celles de l'huile, d'où
naîtra fon inflammabilité, comme nous l'expliquerons ci-après.

4°. E.

4°. Et que la viscosité, ou l'adhérence des parties de l'huile les unes aux autres, sera incomparablement plus grande que n'est celle que peuvent avoir les molécules de l'eau ; non-seulement parce qu'étant incomparablement plus petites, elles se toucheront à volume égal en plus de points ; mais sur-tout parce que les molécules de l'huile ne seront pas seulement comprimées les unes contre les autres par l'action du milieu élastique que forme le second élément, qui comprime celles de l'eau ; mais encore par l'action du milieu élastique que forme le premier élément, laquelle est incomparablement plus grande. Donc, &c. C. Q. F. D.

REMARQUE.

Il suit de tout ce que nous venons de dire,

Que comme l'air, dont les petits tourbillons qui le forment & qui étoient d'abord répandus dans toute l'étenduë du grand tourbillon de la Terre, s'étant chargés chacun d'un globule pesant qui les a contraint de descendre vers nos régions, & d'y former un milieu élastique distingué de tout le reste du tourbillon de la Terre, peut être consideré comme un *sédiment* qui s'est dégagé de la matiere qui forme ce grand tourb.

Que l'Eau n'est de même qu'une autre espece de *sédiment* composé de petits tourbillons du second élément, dont les tourbillons de l'air ou du troisiéme élément sont formés, & qui ayant à leurs centres & dans l'étenduë de leur capacité un bon nombre de petits globules pesans, se sont dégagés à cause de leur pesanteur des petits

tourbillons de l'air, ou du troisiéme élément, & ont formé
un milieu distingué du second
élément, quoique les petits
tourbillons dont l'eau est formée, continuënt de faire équilibre avec ceux du second élément.

De même l'Huile n'est aussi
que comme un *sédiment* composé de petits tourbillons du premier élément, dont les tourbillons du second élément sont
formés, & qui ayant à leurs
centres & dans toute l'étenduë
de leur capacité un bon nombre de très-petits globules pesans, se sont détachés à cause de
leur pesanteur des petits tourbillons du second élément, &
ont formé un milieu distingué
du premier élément, quoique
les petits tourbillons dont l'huile
est formée, continuënt à faire
équilibre avec ceux du premier

élément ; ce qu'il faut soigneu-
fement remarquer.

PROPOSITION X.

La matiere qui fort en forme de bul-
les de tous les points de l'efpa-
ce qu'occupe un certain volume
d'eau, que l'on met fous le réci-
pient de la machine du vuide
& qu'on décharge du poids de
l'atmofphere, n'a pû être conte-
nuë, fous la forme d'air dans
l'eau d'où elle eft fortie.

I. L'Expérience apprend,

1°. Que lorfqu'on met fous le
récipient de la machine du vuide
une bouteille à long col (fig. 49)
exactement remplie d'eau , &
renverfée dans un gobelet qui
en eft à demi plein , & qu'à force de pomper on oblige l'eau à
defcendre , il fort de toutes les
parties de cette eau une prodigieufe quantité de bulles, qui cré-

vent aussi-tôt qu'elles sont parvenuës à la superficie de l'eau ,
comme il arrive lorsqu'elle boût
auprès du feu; de sorte qu'ayant
ensuite lâché le robinet pour
laisser rentrer l'air dans le récipient, l'eau ne remonte pas jusqu'au haut de la bouteille, mais
qu'elle y laisse un espace *A B* qui
ne peut - être rempli que d'un
vrai air, qui résiste par son élasticité à tout le poids de l'atmosphere , & qui se dilate lorsqu'on
en approche un fer chaud comme feroit l'air ordinaire.

2°. Qu'après qu'une certaine quantité d'air étoit sortie
d'un certain volume d'eau par
l'exercice de la pompe , les bulles qui continuoient à en sortir
étoient beaucoup plus grandes.,
& ne contenoient plus d'air proprement dit, mais une matiere
subtile, qui passant par les pores
du verre se dissipoit entierement.

3°. Que la bulle d'air *AB* (fig. 49) qui étoit fortie de l'eau par l'exercice de la pompe étant mife hors du récipient, & laiffée tranquile dans la même fituation durant quelque tems, diminuoit d'abord fenfiblement & enfuite d'autant plus lentement qu'elle étoit devenuë plus petite, qu'à méfure qu'elle diminuoit elle devenoit moins tranfparente, & fe diffipoit enfin entierement.

4°. Que lorfqu'on avoit fait fortir d'un certain volume d'eau tout l'air qu'il étoit poffible d'en tirer par l'exercice de la pompe, & que l'ayant retirée de fous le recipient, on l'expofoit à un air libre ; fi quelque peu de tems après on remettoit cette eau fous le récipient, & qu'on exerçât la pompe ; on voyoit encore fortir de cette même eau une quantité d'air égale à la précédente ;

ce que l'on peut réiterer tant de fois que l'on veut.

5°. Je ne dois pas omettre ici l'expérience que M. Petit Médecin, de l'Acad. des Sciences, nous a raporté à ce sujet : C'eft qu'ayant rempli d'eau jufqu'aux deux tiers une bouteille de verre, & attaché à fon goulot une grande veffie de cochon, il avoit retiré de cette eau feulement en fecoüant la bouteille durant un long efpace de tems, un volume d'air trois fois plus grand que n'étoit celui de l'eau dont il étoit forti, fans que le volume de l'eau ait diminué.

6°. M. Hales, Membre de la Societé Royale de Londres, dans fon excellent Traité de la Statique des Végétaux & de l'Analife de l'Air, dont M. de Buffon, de l'Acad. des Sciences, vient de nous donner une Traduction Françoife ; a éprouvé qu'il fortoit une prodigieufe quantité d'air, de prefque toutes les matieres foumifes aux operations de la Chimie. De forte qu'un feul pouce cube de calcul humain, lui avoit produit jufqu'à 645 pouces cubes d'un air très-réel, qui fe confervoit long-tems dans le même état. Et que dans d'autres expériences, non-feulement il ne fortoit point d'air de la matiere qu'il analifoit, mais que cette matiere abforboit fouvent une bonne quantité de l'air commun & ordinaire qu'on avoit laiffé dans les vaiffeaux.

Ces expériences des molécules de l'air qui fortent de l'eau & de plufieurs autres matieres, & qui en font fouvent abforbées, ont toujours été confidérées par les plus habiles Phificiens, comme étant d'une grande importance pour parvenir à la con-

noiffance

noiſſance diſtinĉte de la nature de
l'air ; de ſorte que je ne puis me
diſpeuſer de montrer ici , avec
quelle facilité elles peuvent être
déduites mécaniquement de la
conſtruĉtion que nous lui avons
attribuée, & à quelles abſurdités
elles ont conduit ceux qui s'en
ſont formés une autre idée.

II. Les Cartéſiens ayant con-
ſidéré que l'air ne paſſe pas par
les pores du verre, & qu'il n'en
reſte preſque plus dans le récipient lorſque les bulles dont
nous venons de parler com-
mencent à monter , ont jugé
que la quantité d'air , qu'ils
voyoient ſortir de l'eau par l'e-
xercice de la pompe , étoit toute contenuë dans cette eau ; &
que par conſéquent l'eau dans
ſon état naturel étoit chargée
d'un grand nombre de molécules d'air qui réſidoit dans ſes pores. Puis ayant pris garde que

cet air pouvoir occuper hors de l'eau un espace plus grand que n'est le volume de l'eau d'où il sort, sans que ce volume diminuë sensiblement, ils en ont conclu que l'air lorsqu'il réside dans l'eau y est extrémement comprimé ; d'où ils ont ensuite tiré un grand nombre de conséquences sur la nature de l'air & de l'eau, considerés sous cette forme, conséquences d'autant plus interessantes, que ces milieux sont plus nécessaires à la conservation de la vie des animaux.

Mais d'autres Phisiciens de grande réputation, sur-tout M. Hales, dont nous venons de parler, ayant fait attention à la force immense qui seroit requise pour réduire une si grande quantité d'air dans un espace insensible, & à ce que Boile & Mariotte ont éprouvé sur ce point ; sçavoir que pour réduire

à la moitié de fa hauteur un cilindre d'air dont le diamétre de
la bafe feroit d'environ trois
pouces, ou égal à celui de la
bouteille dont on a parlé, il
faudroit y employer le poids
d'une colonne de mercure haute de 28 pouces, & qui péfe plus
de 100 livres; de forte qu'il faudroit que cet air qui feroit déja
chargé du poids de l'atmofphere qu'on évaluë au même taux,
fût chargé de 200 livres pour
être réduit à la moitié : de 400
livres, pour être réduit au quart,
& ainfi de fuite; D'où il fuit que
pour réduire cet air à un efpace
infenfible, ainfi que la fuppofition des Cartéfiens le requiert,
il ne faudroit pas moins qu'-
une force comme infinie, par
rapport à celle de l'atmofphere.

Or comme on ne connoît
point de force mécanique dans la
nature capable de produire fur

l'air un tel effet, & qu'il eſt évident que celle de l'atmoſphere
évaluée à 100 livres par les expériences, n'y peut ſuffire ; Que
d'ailleurs les molécules de l'eau
étant d'une lubricité extrême,
& ſe ſéparant les unes des autres
au moindre vent, elles ne pourroient pas avoir la force de contenir une ſi grande quantité d'air
réduit à un ſi petit eſpace, &
comprimé de telle ſorte qu'il ſeroit capable d'enlever un poids
énorme ; Que de plus lorſqu'on a
fait ſortir l'air, que l'on ſuppoſe
être contenu ſous la forme ordinaire dans une certaine quantité
d'eau, auſſi exactement qu'il eſt
poſſible par le moyen de la machine du vuide, on voit que ſi
l'on expoſe cette eau à l'air libre, & que quelque peu de tems
après on la remette ſous le récipient, il ſort de cette même eau
une quantité d'air égale à la pré-

cédente, on ne peut penſer que c'eſt le ſeul poids de l'atmoſphe-re qui a remis cet air dans l'eau, & l'y a réduit en un ſi petit vo-lume, en comparaiſon de celui qu'il occupe après en être ſorti une ſeconde fois; puiſque tout ce que cet effort peut faire eſt de re-tenir l'air comprimé dans ſon état naturel, & que s'il le contraint d'entrer dans les pores de l'eau, ce ne peut être qu'au même état de compreſſion où il eſt hors de l'eau; étant évident qu'un poids de cent livres ne peut pas produire un effet qui requiert plus de cent mille livres. CesPhi-ſiciens illuſtres, dis-je, ont con-clu avec grande raiſon de tou-tes cés obſervations, que l'opi-nion des Cartéſiens ſur ce point étoit inſoutenable; Et que ſi l'air étoit ainſi comprimé dans les pores de l'eau, ſes molécules s'écarteroient auſſi-tôt de toute part avec violence.

Mais ils ont pris le parti d'attribuer aux molécules de l'air, qu'ils suppofent nager dans le vuide, deux facultés oppofées, la premiere de *s'entrepouffer* violemment, fans fe toucher, lorfqu'elles font à une certaine diftance l'une de l'autre. Et la feconde de *s'attirer* avec force lorfque leur diftance mutuelle eft moindre. De forte qu'ils ont prétendu que lorfqu'une certaine quantité d'air eft dans fon état ordinaire, & occupe par exemple l'efpace fphérique *AB* (fig. 50) les particules de cet air, parce qu'elles font alors à une certaine diftance l'une de l'autre, tendent par une certaine vertu d'expanfion, à .occuper un efpace 13 ou 14 mille fois plus grand. Mais que fi par quelque caufe que ce puiffe être, il arrivoit que ces mêmes particu-

les d'air fuſſent réduites à n'occuper que l'eſpace ſphérique
CD, alors ils veulent que leur
premiere faculté les abandonne
tout d'un coup, que leur ſeconde faculté ſe ſaiſiſſe d'elles, &
que s'attirant mutuellement
avec autant de force qu'elles
ſe repouſſoient, elles ſe rédui-
ſent à n'occuper plus qu'un
point imperceptible *R*. Et comme ces Meſſieurs ſont ennemis
déclarés de tout *ſiſtéme*, ils veulent encore que nous nous don-
nions bien de garde d'attribuer
ce nom odieux à leur ſuppoſi-
tion ; mais que nous penſions
plutôt qu'en tout cela ils n'ont
fait autre choſe que d'écrire
les circonſtances de l'effet qu'ils
ont obſervé & expérimenté avec
ſoin.

III. Quoiqu'il en ſoit on doit
au moins être ſurpris que les
Newtoniens ne ſe ſoient pas ap-

perçus que cette description prétenduë de l'effet qu'ils se propo-
sent de détailler, renferme les
mêmes impossibilités qu'ils reprochent au sistême des Cartesiens. Et en effet, comme l'expérience apprend que lorsqu'on
expose à l'air libre, durant un
certain espace de tems, l'eau du
vase, dont on a fait sortir un
grand volume d'air par l'exercice de la pompe, & qu'on remet cette eau sous le récipient,
on en voit encore sortir une
quantité d'air égale à la précédente ; Que d'ailleurs le poids
de l'atmosphere n'a pû faire rentrer l'air dans l'eau que dans le
même état de compression où il
est hors de l'eau, & que ce nouvel air qui sort de l'eau paroît
y avoir été extrêmement comprimé ; Il faut nécessairement
qu'ils se réduisent à dire comme
ils le font, que ce sont les molé-

cules de l'eau qui par la force attractive qu'ils leur attribuent, ont humé cet air, & en ont abforbé une quantité plus grande que n'eft le volume d'eau qu'elles forment, fans que ce volume d'eau ait augmenté.

Or après avoir confideré les impoffibilités que les Newtoniens reprochent aux Cartefiens, ne paroît-il pas également impoffible de dire que les molécules de l'eau, dont la lubricité eft extrême, puiffent avoir une telle force d'attraction, à l'égard de celles de l'air, qu'elle foit capable de réduire d'abord chacune des parties fenfibles *AB* (fig. 50) de cet air, dont les molécules ont encore toute leur force élaftique, & qui tendent à occuper un efpace 13 ou 14 mille fois plus grand, à être réduite à l'efpace *CD*, qu'on fuppofe ici être le terme où les Newtoniens prétendent que ces molécules fe revêtent de leur force attractive qui les réduit enfuite en un point *R*. Boile a éprouvé qu'après avoir réduit l'air à n'occuper que la 3 2e partie de l'efpace qu'il occupe ordinairement, au moyen d'un poids 3 2 fois plus grand que n'eft celui de l'atmofphere, l'air ne paroiffoit pas encore avoir rien perdu de fa fluidité, ni de fa vertu élaftique devenuë 3 2 fois plus forte. C'eft donc une néceffité qu'avant que l'air, entrainé par les molécules de l'eau, ait pû perdre fa force élaftique pour prendre celle d'atraction, la force attractive des molécules de l'eau, ait furmonté cette force élaftique de l'air. Or comment ces molécules de l'eau, dont la lubricité eft extrême, auront-elles pû furmonter une force fi énorme? n'eft-il pas évident qu'avant que de l'avoir furmontée, elles fe feront difperfées ? Il n'y a donc pas moins d'impoffibilité dans ce que les Newtoniens nous difent fur ce point, que dans l'hipothefe des Cartefiens.

Je conclus donc enfin de toutes ces remarques, que malgré l'extrême embarras où fe trouvent les Phificiens de ce tems pour expliquer cet effet, dont ils ont jugé que la connoiffance diftincte de la caufe étoit très-importante pour déterminer la nature de l'air, & qui, comme l'a démontré M. Hales dans fes belles experiences, cet effet de l'air entre dans prefque toutes les opérations chimiques, & y jouë un rôle important, ils ont pris un mauvais parti de fe perfuader fur quelques apparences légeres qu'une fi grande quantité d'air, qui fort d'une fi petite quantité d'eau, réfidoit dans les pores de cette eau, y étoit toute renfer-

mée, & n'y occupoit qu'un efpace infenfible. Et qu'après que
cet air étoit forti de l'eau, l'eau
avoit une avidité extrême pour
l'attirer dans fes pores; car tout
cela eft trop contraire aux loix
des mécaniques, & conduit trop
directement à l'impoffible. De
forte que ce ne fera pas une legere preuve que nous avons
bien rencontré dans la conftruction mécanique que nous avons
attribuée à l'air, à l'eau & à
l'huile, fi nous en pouvons déduire clairement & diftinctement toutes les particularités de
ce phénomene. Donc, &c. C.
Q. F. D.

REMARQUE.

Une maxime très-pernicieufe
au progrès de la Phifique, fe répand depuis quelque tems parmi les jeunes Phificiens: on leur
entend dire & répéter fans ceffe

que pour faire un progrès folide
dans la Phifique, on doit s'en tenir à la fimple expérience, à l'ob-
fervation toute nuë, fans pouffer plus loin le raifonnement,
& qu'il *faut fur-tout s'éloigner avec*
grand foin de tout efprit de fiftéme ;
Que l'experience les a tous ren-
verfés fucceffivement, & qu'on
ne lit depuis long-tems celui de
Defcartes que comme un Roman. Que c'eft la voye que ge-
neralement tous les grands hommes ont fuivie & nous ont re-
commandée , que l'Académie
des Sciences l'a adoptée, & que
fes dignes Membres l'ont toujours pratiquée & la pratiquent
continuellement, &c.

Mais venons au fait. Qui font
ceux qui ont lû le fiftême de
Defcartes comme un Roman,
& qui n'ont pas profité de fes
principes ? Eft-ce M. Huygens ?
on n'a qu'à jetter les yeux fur

ſes ouvrages pour ſe convaincre du contraire, car on verra qu'ils ſont tous fondés ſur les idées Carteſiennes. Eſt-ce le P. Malebranche, qui a cherché tous les moyens de perfectionner le ſiſtême de Deſcartes, & qui nous en donne l'idée la plus magnifique ? Eſt-ce M. Newton, qui a employé tout ſon calcul, & a paſſé toute ſa vie à le combatre ? traite-t'on ſi ſérieuſement des ouvrages que l'on lit comme des Romans ? Eſt-ce M. de Leibnis ? lui qui a remarqué que la raiſon pour laquelle on ne pouvoit répondre géométriquement aux objections de M. Newton, ne venoit que de ce qu'on n'avoit pas encore aſſez approfondi le Tourbillon. Eſt-ce M. Bernoulli? toutes ſes Diſſertations phiſiques ne reſpirent que ce ſiſtême. Eſt-ce M. de Fontenelle? lui qui dans tout le cours de l'hiſtoire des Mé-

moires de l'Académie, n'a jamais manqué aucune occafion
de faire remarquer que lorfqu'il
s'agiffoit de Phifique, on ne pouvoit fe difpenfer de citer Defcartes, comme l'Auteur fonda-
mental ? Eft-ce enfin M. Hales
lui-même qui s'eft éloigné avec
grand foin de tout efprit de fiftême ? lorfqu'il a regardé l'air
comme un protée qui tantôt fe
faififfoit de 'la forme élaftique,
& tantôt la quittoit pour prendre celle de fixité, dont il fe dé-
poüilloit enfuite, pour reprendre la premiere ? Cet excellent
Obfervateur a-t'il jamais vû de
ces yeux ces étranges métapho-
res, & s'il affure qu'il les a vûës,
les aura-t'il vûës plus réellement
que Ptolomée a vû le mouvement du Soleil & des Etoiles fixes
autour de la Terre ? Il prend
donc la peine de les fuppofer ;
il fait donc une hipothefe ; il ne

s'éloigne donc pas foigneufe- ment de tout efprit de fiftême. Et lorfqu'il cite M. Newton, comme on citeroit un Auteur infpiré que l'on doit croire fur fa parole : qu'on va voir l'endroit cité, & qu'on eft furpris de n'y trouver qu'un fimple foupçon, deftitué de toute preuve que M. Newton hazarde fur ce point ; eft on bien defabufé que ce n'eft pas là un pur fiftême ?

L'Académie, il eft vrai, a dé- claré qu'elle ne fe rendoit ga- rand d'aucun fiftême. Mais af- furément elle n'a pas établi pour fondement de fon inftitution, qu'il falloit s'éloigner foigneu- fement de tout efprit de fiftême, du moins eft-il conftant qu'elle a mal obfervé cette maxime. Car c'eft un fait certain que dans tout le vafte recuëil de fes Mé- moires, & parmi tous les Ouvra- ges particuliers des Membres

qu

qui l'ont compofée,& qui la compofent actuellement , à peine en
trouvera-t'on un feul qui touche
tant foit peu la Phifique, fans en
excepter même ceux de M. de
Reaumur , que l'on ofe propofer
néanmoins , je ne fçai fur quel
fondement , pour fauteur de
cette maxime , qui ne foit fondé
fur le fiftême Cartefien , tant
l'Académie a pris foin de s'en
éloigner.

La bafe de ce fiftême eft que
*le froid , le chaud , les faveurs , les
odeurs , le fon , les couleurs , & les
autres qualités fenfibles , ne font pas
des proprietés de la matiere , mais
de fimples modifications de notre
ame ; & que la matiere n'eft capable que de figures & de mouvemens;
de forte que tout ce qui s'opere en elle
n'eft qu'une fuite des loix du choc.*
C'eft là proprement le fond
du fiftê me Cartefien , que l'experience n'a pas détruit, & ne

détruira jamais , lorſqu'on la
conſultera comme il faut ; mais
qui a porté & portera ſans ceſſe
la lumiere dans toutes les parties
de la Philoſophie , dans la Méta-
phiſique, dans l'Anatomie, dans
l'Aſtronomie , dans la morale :
c'eſt en ſuivant ce principe que
le P. Malebranche , M. Huygens , & tous ceux qui après
Deſcartes ont bien mérité de la
Philoſophie, & qui n'ont pas lû
ces Ouvrages comme on lit un
Roman, ont fait des progrès conſiderables dans la Phiſique C'eſt
là le ſiſtême que ces grands
hommes ont perfectionné dans
ſes conſéquences par un grand
nombre d'experiences dont Deſcartes a reconnu la néceſſité :
mais qu'il n'a pû exécuter, parce que c'étoit l'ouvrage du tems.
C'eſt là enfin le ſeul & unique
ſiſtême dont l'Académie a fait
le plus d'uſage, & qui doit nous

guider dans les conféquences que nous tirons de nos Obferva-tions, & fans le fecours duquel nous cefferions bien-tôt de faire desExpériences utiles au progrès de la Phifique.

Un effet que l'on faifit par l'ob-fervation & par un bon nombre d'experiences, n'eft autre chofe qu'une combinaifon de plufieurs monumens, dont les uns font apparens, & les autres réels. Or il nous importe extrêmement de ne point prendre l'apparence pour la réalité. Les mouvemens apparens frappent vivement nos fens, ce qui fait que nous les prenons d'abord pour réels, les mouvemens réels au contraire ne fe découvrent que par le rai-fonnement. L'Aftronomie nous en fournit un exemple mémora-ble, & qu'il ne faut jamais per-dre de vûë. Ptolomée & ceux qui l'ont fuivi pendant plufieurs fié-

cles, n'ayant confulté que leurs
fens dans leurs obfervations,
ont attribué aux Aftres un nombre prodigieux de divers mouvemens qui défigurent l'Univers.
Et ce n'a été que par le raifonnement joint aux obfervations
& à l'experience, que Copernic
ayant enfin reconnu que ces
mouvemens n'étoient qu'apparens, leur a fubftitué les mouvemens réels qui nous ont procuré
un nombre innombrable de belles connoiffances dans la ftructure de l'Univers. Suffifoit-il de
connoître le Ciel comme Ptolomée le connoiffoit; & la Phifique
n'a-t'elle rien gagné par le travail
de Copernic? Ceux donc qui difent que pour connoître les effets de la nature, il ne faut s'attacher qu'à la feule expérience,
qu'il faut s'éloigner avec grand
foin de tout efprit de fyftême,
& qui le font comme ils le d.fent,

ne prennent pas garde qu'en fuivant cette maxime, ils font pro-
feſſion de fuivre, & fuivent en
effet, le plus dangereux de tous
les fiſtêmes : le fiſtême des fens,
qui les entraîne infailliblement
à prendre l apparence pour la
réalité ; ce qui eſt tout ce que
nous devons éviter avec le plus
de foin, ſi nous voulons faire du
progrès dans la Phiſique.

Sans doute qu'il faut faire des
obfervations & des expériences
fur tous les objets qui fe préfen-
tent à notre vûë, comme Ptolomée en a fait fur le Ciel ; car
l'univers eſt un ouvrage tout formé, dont il faut découvrir les
ſingularités par les fens : mais il
ne faut pas en demeurer là , nos
fens font bornés, ils ne peuvent
appercevoir tout ce que contient
ce merveilleux ouvrage, ils nous
préoccupent & nous font tomber
dans des illuſions. Il faut donc

corriger les faux jugemens qu'ils nous suggerent à la vûë des experiences, en comparant les effets les uns aux autres, & en les rapportant tous à un même principe, ainsi que Copernic l'a pratiqué à l'égard du Ciel. Et c'est là enfin cet esprit de sistême qu'on doit toujours avoir, & qui seul peut nous amener à la connoissance distincte des objets que nous considerons, & sur lesquels nous faisons des expériences ; de sorte qu'il ne faut ni cesser de faire des expériences, ni cesser de rapporter ces expériences aux simples Loix des Mécaniques.

J'avoüe qu'on n'est pas tout d'un coup parvenu à la perfection, & que le détail du sistême de Descartes renferme des défauts que M. Newton a très-bien relevés, en quoi il a rendu un grand service à la Phisique ; mais ces défauts ne doivent pas nous

porter à abandonner ce fiftême;
ils doivent nous exciter au contraire à le perfectionner de plus
en plus. Defcartes n'a pas affez
vêcu pour amener fon entreprife
jufqu'à fa perfection ; mais il en
a affez fait pour nous exciter à
entrer dans fes vûës. C'eft lui qui
a le premier ofé donner des Loix
au choc des corps : ces Loix
n'ont pas d'abord été precifé-
ment celles de la nature ; Huy-
guens en fuivant les maximes de
Defcartes eft enfin parvenu à les
déterminer. Defcartes eft le premier qui a introduit les loix des
Mécaniques dans le corps organifé ; il s'eft fouvent trompé dans
le détail de fon entreprife : mais
c'eft néanmoins en fuivant fes
vûës générales que les Anato-
miftes qui lui ont fuccedé, ont
porté la connoiffance du corps
humain à ce point de perfction
où nous la voyons maintenant.

Il en est de même du reste.

Vous trouverez donc bon, me dira-t-on, qu'on ajoûte sans cesse suppositions sur suppositions, & qu'à chaque effet que l'on consi. dere, on imagine un mécanisme particulier pour l'expliquer, & vous voulez qu'on regarde ce mécanisme imaginaire comme la vraie cause de cet effet? Non. Ce seroit là trop s'éloigner du vrai esprit de sistême qui nous porte à rendre raison des effets de la nature au rabais des suppo-sitions: mais quand un Auteur, qui a médité sur un point impor-tant, ne peut pas d'abord rame-ner ses idées aux suppositions les plus simples, je veux qu'il ait la liberté pour s'exprimer, & pour nous les communiquer, de faire telles suppositions qu'il voudra. Je veux, par exemple, que les Cartesiens ne trouvent pas mauvais que M. Hales se

serve

ferve des idées Newtoniennes
pour nous faire fentir, comme il
le fait admirablement bien, toute la richeffe de fes nouvelles experiences.

Devoit-il fe contenter, à
caufe qu'il n'eft pas Cartefien,
de ne faire autre chofe que
nous expofer fes expériences
& s'éloigner rigoureufement
de tout efprit de fiftême ? Non,
c'eft là en effet une maxime
impraticable. Pour rendre nos
obfervations fécondes en conféquences, il faut néceffairement nous déterminer pour
quelque fiftême.

Ne nous éloignons donc jamais de cet efprit de fiftême que
Defcartes a répandu dans tout
l'Univers, & qui a porté toutes
les fciences au point de perfection où elles font déja parvenuës.
Il eft même inutile que je m'ar-
rête plus long-tems à recomman-

der cet esprit de fiſtême ; on l'a
trop bien faiſi dans tous les genres d'étude, pour craindre que
de vaines déclamations puiſſent
jamais porter le genre humain à
l'abandonner, malgré les petits
inconvéniens auſquels il peut
être ſujet.

PROPOSITION XI.

*Les parties de la matiere contenuë
dans les pores de l'eau qui ſe
transforme en air par l'exercice
de la pompe, ne ſont autre choſe
que de petits tourbillons de l'huile
qui s'agrandiſſent & qui entraînent dans leur circulation les petits tourbillons de l'éther, qui entrent continuellement dans le récipient par les pores du verre.*

L'embarras où ſe trouvent réduits les Phiſiciens de ce tems,
qui ſuivent les principes de Deſcartes, ſur le point dont nous

venons de parler dans la propofi-
tion précédente, ne vient que de
ce qu'ils fe font figurés, fans aucun fondement folide : que les
molécules de l'air étoient indiffo-
lubles ; & que des parties incomparablement plus petites ne pouvoient jamais devenir dans certaines circonftances auffi grandes que celles de l'air. Défabu-
fons-nous de ce préjugé. A la
bonne heure que ceux qui pen-
fent encore que les molecules de
l'air font des petites branches
entrelaffées, y demeurent attachés ; Pour nous qui fçavons
maintenant à n'en pouvoir douter, que les molécules de l'Air
font de petits tourbillons du troifiéme élement, d nt chacun eft
un tourbillon compofé de tourbillons du fecond, & chacun de
ceux-ci un tourbillon compofé
de tourbillons du premier, incomparablement plus petits que

ceux du fecond , & ceux du fecond incomparablement plus petits que ceux du 3ᵉ ; & que ces trois élémens forment trois milieux élaſtiques : que les molécules de l'eau font de petits tourbillons du fecond élément , dont la force élaſtique eſt incomparablement plus grande que n'eſt celle des petits tourbillons de l'air , & que les molécules de l'huile font auſſi de petits tourbillons du premier élément , dont la force élaſtique eſt encore incomparablement plus grande que celle des molécules de l'eau ; nous concevront aifément ,

1°. Que les efpaces angulaires *lnp* (fig. 21), ou *LNP* (fig. 51) que laiſſent entr'elles les tourbillons fphériques de l'eau *IBH*, qui font du fecond élément , pourront être occupés par des tourbillons de l'huile, qui font du premier élément, in-

comparablement plus petits que
ceux de l'eau. Et que parmi ces
petits tourbillons de l'huile , qui
occuperont un de ces efpaces
LNO , il pourra y en avoir un
r ou *R* , qui fe foit agrandi plus
que les autres, & ait occupé le
centre de cet efpace. Or ce petit tourbillon *R* , qui avant que
de s'agrandir faifoit équilibre
avec ceux du premier élément ,
pourra, après s'être agrandi de
la forte , faire équilibre avec
ceux de l'eau , quoiqu'il foit
beaucoup plus petit qu'eux ; à
caufe qu'il n'entraîne pas avec
lui autant de matiere pefante
que ceux de l'eau.

2°. Que quoique ces petits
tourbillons de l'huile ayent une
force centrifuge incomparablement plus grande que celle des
tourbillons de l'air , ou du troifiéme élément , ces petits tourbillons de l'huile faifant équili-

bre avec ceux de l'eau, & ceux de l'eau avec ceux qui entrent dans la compofition des tourbillons de l'air, & dont tout l'Univers eft rempli ; il eft évident que ces petits tourbillons R (fig. 51) enfermés dans les efpaces angulaires de ceux de l'eau, ne pourront s'agrandir à moins que quelque caufe étrangere ne les y oblige. Ainfi ils demeureront ordinairement enfermés dans les efpaces angulaires des tourbillons de l'eau.

3°. Que lorfqu'on mettra un vafe à demi plein d'eau fous le récipient, & qu'on pompera l'air qui y eft contenu ; l'eau, comme Boile l'a éprouvé, augmentant tant foit peu fon volume, les petits tourbillons dont elle eft formée s'agrandiront donc auffi tant foit peu, & perdront par conféquent un peu de leur force centrifuge ; D'où il fuit que l'équilibre qui eſt entre les petits tourbillons de l'eau *IBH*, & ceux de l'huile *R* contenus dans les eſpaces angulaires *LNP*, ſe-ra rompu. Car les tourbillons de l'huile étant plus petits que ceux de l'eau, & la même cauſe agiſ-ſant également ſur les uns & ſur les autres, les petits tourbil-lons de l'huile en s'agrandiſſant perdront d'autant moins de leur force centrale que ceux de l'eau; que les points dont ceux de l'huile ſont compoſés auront plutôt achevé leur révolution que ceux dont les tourbillons de l'eau ſont formés.

4°. D'où il ſuit que les tourbil. *R* de l'huile s'agrandiront plus ſubitement que ceux de l'eau : que rompant l'équilibre qui étoit entr'eux, ils ſortiront des eſpa-ces angulaires où ils étoient con-tenus : que n'étant plus arrêtés par cette barriere qui les retenoit, ils s'agrandirent aux dépens de la matiere éthérée, qui pouvant paſſer par les pores du verre, entre continuellement dans le récipient par l'exercice de la pompe, & ſe répand dans les pores de l'eau : que ces petits tourbillons de l'Huile s'agrandiſſant de plus en plus, deviendront à la fin égaux à ceux de l'air, & feront équilibre avec eux ; ſi bien que ſe joignant pluſieurs enſemble, ils formeront enfin ces bulles que l'on voit monter & ſe répandre ſur la ſurface de l'eau.

5°. Qu'à meſure que chacun de ces petits tourbillons de l'huile ſortira du centre de l'eſpace angulaire qui le contenoit, pour ſe transformer en air ; quelqu'un des petits tourbillons voiſins qui l'entouroient, & qui ne ſont de guere plus petits que lui, occupera auſſi-tôt la place que le premier aura abandonnée ; & la même caufe fubfiftant à fon égard, il fe transformera en tourbillon d'air de la même façon. Et ainfi de fuite.

6°. Et comme ces petits tourbillons de l'huile ne deviennent tourbillons du troifiéme élément ou de l'air, que parce qu'ils s'agrandiffent aux dépens de la matiere étherée qui entre dans le récipient par l'exercice de la pompe, on conçoit clairement que le volume d'air qu'ils forment n'a pas été préalablement comprimé, ni attiré par aucune vertu qu'il foit néceffaire d'attribuer aux molécules de l'eau, & qu'il n'eft forti des entrailles de l'eau, que parce qu'elles contenoient des molécules de l'huile, dont l'élafticité eft incomparablement plus grande que n'eft celle des molécules de l'eau & de l'air ; mais elles ne pouvoient s'étendre à caufe qu'elles étoient balancées par l'élafticité de celles du premier & du fecond élément, jufqu'à ce que par l'exercice de la pompe cet équilibre ait été rompu ; ce qui étoit le point principal de la difficulté.

7°. Mais comme l'eau ne peut contenir dans fes pores qu'une certaine quantité de ces molécules de l'huile, & que lorfque les premieres R qui en font forties ont pu en s'agrandiffant en entraîner plufieurs autres avec elles, qui n'auront pas eu le tems de fe développer ; il s'en fuit que les efpaces angulaires LNP, pourront à la fin n'être plus remplis que de petits tourbillons fimples du premier élément, qui ne renfermant aucune matiere pefante, en fortiront avec une extrême viteffe. D'où il fuit clairement que cette transformation de ces petits tourbillons de l'huile en petits tourbillons de l'air, ne doit durer que tant qu'il y aura dans les pores de l'eau de ces molécules de l'huile, & qu'ensuite il ne pourra sortir du milieu de l'eau que de l'éther tout pur, dont les petits tourbillons n'auront pas eu le tems de s'agrandir assez promptement pour rompre entierement l'équilibre avec les tourbillons du second élément, lesquels au sortir de l'eau les réduiront à leur grandeur ordinaire ; Et c'est là justement ce qui nous porte à croire que l'eau, après qu'elle a été exposée quelque tems à l'exercice de la pompe, & qu'on n'en voit plus sortir que de grosses bulles qui n'ont pas la consistance des précédentes, est entierement purgée d'air : mais au vrai ce n'est que parce qu'elle est purgée de l'huile, qui contribuë à la formation de l'air qui en fort tant qu'il y a fuffifamment de cette huile dans les pores de l'eau. Ce qui eft caufe , ainfi que l'expérience le confirme, que cette eau purgée d'air eft plus déterfive que l'eau ordinaire, c'eft-à-dire, qu'elle fe charge plus aifément des particules graiffeufes de l'étoffe qu'on expofe à fon action.

8°. Or l'eau que l'on dit être purgée d'air étant mife hors du récipient & expofée à l'air extérieur, ayant perdu les particules de la matiere graiffeufe qui, comme nous l'avons dit (Pr. 10.) font des tourbill. du 1ʳ élément incomparablement plus petits que ceux de l'eau, & dont les pores de l'air font toujours abondamment fournis , (ce qui eft prouvé par la facilité avec laquelle l'air s'allume, lorfqu'on le pouffe avec violence contre un charbon ardent: ou qu'on le fait paffer, en foufflant dans un chalumeau, à travers la flame d'une chandelle),on conçoit que rien n'empêche que ces particules graiffeufes qui font dans l'air, ne paffent facilement dans les pores de l'eau, & qu'en peu de tems elle n'en foit autant fournie qu'elle a coutume de l'être ; ce qui lui redonnera la faculté de produire de nouvel air, fi on la remet fous le récipient, & qu'on exerce la pompe.

Ainfi ce n'eft pas un volume immenfe d'air que l'eau abforbe, ou attire dans fes pores en le comprimant outre mefure, comme on le penfoit, ce qui eft abfolument impoffible ; ce font quelques particules très-fubtiles de l'huile dont l'eau eft ordinairement chargée, & dont celleci en étant dépourvûë fe recharge très-facilement par la communication qu'elle a avec l'air exterieur qui en eſt toujours abondamment fourni ; ce ſont, dis-je, ces particules de l'huile que l'eau reçoit de nouveau dans ſes pores, & qui y ſont entraînées par le mouvement circulaire des petits tourbillons dont elle eſt compoſée, qui la rendent de nouveau capable de produire de l'air, lorſqu'on l'expoſe une ſeconde fois à l'exercice de la pompe.

9°. Il en ſera à peu près de même des bulles d'air qui ſortent de l'eau, lorſqu'on la met auprès du feu ; la chaleur augmentera le volume de chacun des petits tourbillons dont l'eau eſt compoſée, & plûtôt ceux de l'huile, qui ſont compris dans les eſpaces angulaires, LNP que ceux de l'eau, à cauſe que ceux de l'huile ſont plus petits, & ne ſont pas chargés de globules ſolides, ni ſi gros ni ſi peſans que ceux qui ſont

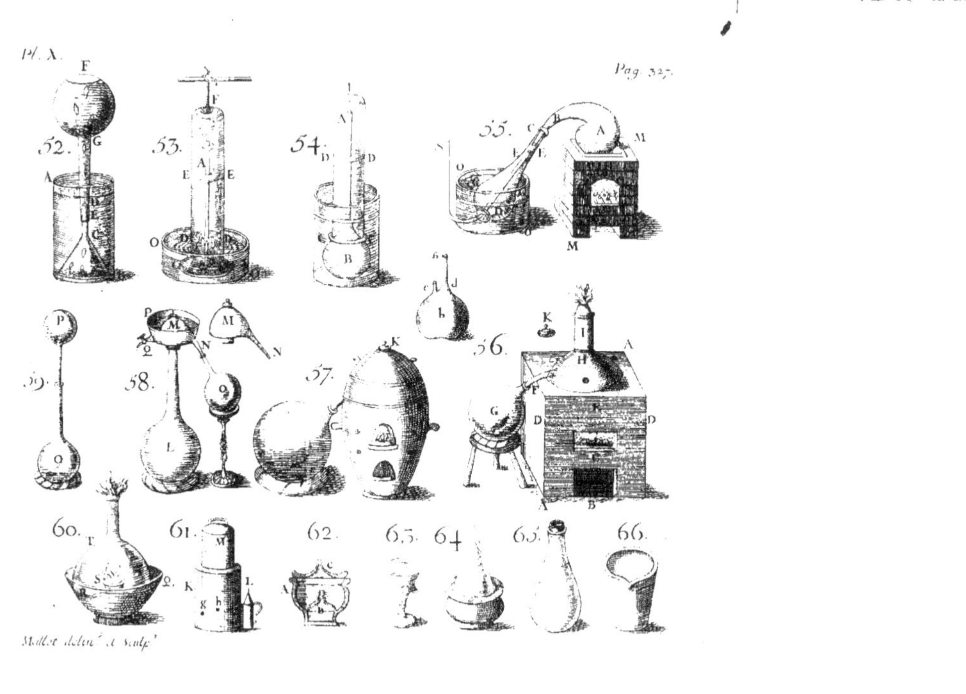

Pl. X.
Pag. 327.
52. 53. 54. 55.
56. 57. 58. 59. 60. 61. 62. 63. 64. 65. 66.
Mallet delin. et sculp.

compris dans les petits tourbillons de l'eau. Ainſi les petits
tourbillons de l'huile s'agrandiſſant plûtôt par la chaleur du
feu, ſortiront de l'eau ſous la
forme d'air, tant qu'il y aura
dans les pores de l'eau de cette
matiere graiſſeuſe : Après quoi
il ne ſortira plus de l'eau, tant
qu'elle reſtera ſur le feu, que
de grandes bulles remplies de
petits tourbillons de l'éther ou
du ſecond élément, ainſi que
l'expérience le confirme. Car M.
Boerhave a éprouvé que ſi dans
un vaſe de verre *AB* plein d'eau
on y renverſe un entonnoir de
verre *BCD*, dont l'extremité
ED ſoit recouverte d'une bouteille de verre *FGE* pleine d'eau;
& que mettant d'abord le vaſe
ſur un petit feu pour échauffer
les vaiſſeaux, on l'augmente
enſuite peu à peu ; on voit d'a-
bord ſortir du fond de l'eau des

bulles d’air, qui paſſant de l’entonnoir dans la bouteille, viennent former une grande bulle d’air *F* qui augmente peu à peu juſqu’à un certain point, après quoi elle n’augmente plus, quoique l’eau continue de boüillir.

REMARQUE.

I. On a éprouvé que l’air, qui étoit ſorti de l’eau ſe diſſipoit à la longue, ce que l’air ordinaire ne faiſoit pas ; mais ce n’eſt pas là une marque que cet air, qu’on peut nommer artificiel, rentre dans les pores de l’eau par une compreſſion extérieure, ou par une attraction incompréhenſible dont les molécules de l’eau ſoient doüées. La bulle d’air ordinaire *AB* (Fig. 49) que l’on laiſſe au haut d’une bouteille renverſée dans un vaſe plein d’eau, ne ſe diſſipe pas, & y reſte des années entieres ſans diminuer

minuer, parce que l'eau ne peut
se charger que d'une certaine
quantité de molécules graisseuses, comme elle ne peut se charger que d'une certaine quantité
de sel. D'où il suit que l'huile
qui est dans les pores de l'air
AB, y demeure en son entier.
Mais la bulle d'air *A B* sortie
des pores de l'eau par l'exercice
de la pompe, & qui s'est ramassé
au haut de la bouteille, n'ayant
pû entraîner en se formant qu'u-
ne très-petite quantité de ces
molécules graisseuses contenuës
dans les pores de l'eau, & qui
n'ont pas eu le tems de se développer, étant comprimées par
le poids de l'atmosphere: & l'eau,
d'entre les pores de laquelle ces
molécules de l'huile sont sorties,
pouvant facilement les recevoir
de nouveau dans ses pores ; les
molécules de l'huile répanduës
dans l'air *AB*, pourront égale-

E e

ment fe répandre dans l'eau, à l'aide du mouvement circulaire tant des molécules de l'air, que des molécules de l'eau, qui, comme tout autant de petits moulinets, les difperferont uniformément dans tout l'efpace qu'occupoit la bouteille. D'où il fuit que cet air en étant beaucoup moins pourvû, fa force élaftique diminuera; ce qui fera caufe que le poids de l'atmofphere le réduira à occuper un moindre efpace. Car les molécules de l'air n'étant que de petits tourbillons du troifiéme élément, compofés de petits tourbillons du fecond élément: & les molécules de l'huile étant de petits tourbillons du premier élément, dont la vifquofité eft grande; moins il y aura de ces petits tourbillons de l'huile dans les pores de l'air, & plus facilement les petits tourbillons

) du fecond élément , dont ceux
) de l'air font formés , & qui peuvent s'échaper par les pores du
verre, fe détacheront des petits
tourbillons de l'air , & fortiront
de la bouteille. La bulle *A B*
diminuera donc peu à peu , &
beaucoup plus vîte au commencement qu'à la fin; parce qu'à
mefure que fon volume diminuera, la quantité de la matiere
graiffeufe qu'il contient augmentera à fon égard , ainfi que
M. Mariotte l'a remarqué.

II. Si comme M. Hales l'a
éprouvé, l'on pofe fur un petit gueridon *AB* (Fig. 53) dont
le pied *B* trempe dans un vafe
OO plein d'eau, une chandelle
alumée, ou un vafe plein de foufre enflamé, & que l'ayant recouvert d'un long récipient de
verre *FC* , fufpendu par un cor-
don *F*, dont l'orifice *CC* foit enfoncé de deux ou trois pouces

fous la fuperficie de l'eau, on s'apperçoit que l'eau monte tout auſſi-tôt de *CC* en *EE*, & que l'air qui occupoit l'efpace *CFC*, n'occupe plus que l'efpace *EFE*. D'où vient cela ? eſt-ce qu'on eſt réduit à avoir recours, comme le prétend M. Hales, à une force attractive des particules enflamées du fuif ou du foufre qui réduiſe chaque petite molécule de l'air à perdre fon élaſticité, & à rentrer dans fon état de fixité ? En aucune forte. On n'eſt point du tout obligé de perdre ſi fort de vûë l'idée du mécaniſme, on peut au contraire très-aiſement s'appercevoir : que la matiere inflammable du fuif ou du foufre s'étant diſſipée, & les acides dont ces matieres contiennent une grande quantité, s'étant d'abord répandus dans l'air par l'action de la flame, fe feront facilement emparés des

molécules de l'huile contenuës dans les pores de l'air en-
fermé dans le récipient, avant
que de se précipiter dans l'eau
CC, & que le ressort de cet air
étant par ce moyen devenu plus
foible, le poids de l'atmosphere
l'obligera d'occuper un moindre
espace, & fera remonter l'eau
de *CC* en *EE.*

M. Hales a retiré de plusieurs
matieres, tant par la fermentation que par la distilation, une
prodigieuse quantité d'air. Il a
pris un matras *AB* (Fig. 54) au
fond duquel ayant mis sa matiere, il l'a recouvert d'un long récipient *CFC*, dont l'orifice *CC*
trempe dans l'eau d'une cuvette, & dans lequel il a introduit
l'eau jusqu'en *DD*, en couchant
horizontalement le matras & le
récipient sur la surface de l'eau.
ou bien il s'est servi d'une cornuë de verre *AB*, (Fig. 55)

au fond de laquelle il a mis la matiere à diftiller, & au bec de laquelle il a adapté un grand matras CD, dont il a percé le fond D, avec un anneau de fer rougi au feu, & ayant plongé le matras CD dans une cuvette OO de bois pleine d'eau, il en a retiré l'air à l'aide d'un Siphon S, & a obligé l'eau de monter jufqu'en EE. Ayant enfuite retiré le Siphon & pofé la cornuë A fur un fourneau MM, il a éprouvé tantôt qu'il fortoit une très-grande quantité d'air de la matiere qu'il avoit mife dans la cornuë, qui obligeoit l'eau à defcendre de E vers G; & tantôt que cette matiere abforboit de l'air ordinaire qu'il avoit laiffé à deffein dans le récipient, ce qui obligeoit l'air à monter de D en E.

Mais qu'eft-ce que cet air qui fort de ces matieres? autre chofe finon de petites molécules

d'huile contenuës dans ſes pores, qui s'agrandiſſant par l'action du feu, comme nous l'a-
vons expliqué dans cette Pro-
poſition, ſe transforment en air.
M. Hales nous en fournit une
preuve évidente ; car il rappor-
te qu'ayant mis des pois & de
l'eau dans le matras *AB* (Fig.
54) l'air qui en étoit ſorti par
la fermentation, & qui occupoit
la plus grande partie de la capacité du récipient *CF*, étant
expoſé à la flame d'une bougie,
s'enflamoit comme de l'Eſprit-
de-Vin. Or les Chimiſtes conviennent que la propriété de
s'enflamer ne peut être rappor-
tée qu'à l'huile ; cet air n'étoit
donc qu'une huile extrêmement
exaltée, & qui s'étoit transfor-
mée en air.

Et lorſqu'il ſort de la matiere
qu'on a mis dans la cornuë ou
dans le matras de certaines par-

ties avec lesquelles les molécules de l'huile répanduë dans l'air ordinaire, dont le récipient *C D* est rempli, s'attachent plus aisément ; ne doit-il pas arriver que les molécules de cette matiere répanduë dans cet air, entraînent les molécules de l'huile dont il a besoin pour conserver son ressort. Il arrivera donc que le ressort de cet air diminuëra ; que les particules qui composent ses petits tourbillons n'ayant plus rien qui les lie les unes aux autres, se sépareront entierement des petits tourbillons de cet air, par l'effort comprimant de l'air exterieur qui tend à faire monter l'eau dans le récipient, & passeront par les pores du verre ; ce qui nous portera à croire que cet air a été absordé. Il en sera de même des autres expériences de M. Hals.

Fin de la huitiéme Leçon.

PROPOSITION XII.

La Congelation de l'eau est une suite mécanique de la construction que nous avons attribuée aux molécules de l'eau.

Quoique les petits tourbillons dont l'eau est composée ; soient chargés d'un grand nombre de globules pesans : comme chacun de ces globules est environné d'un petit tourbillon, & que ces tourbillons subalternes compris dans les molecules de l'eau circulent autour du centre de chacune de ces molecules ; il est clair que tant que cette circulation subsistera, l'eau sera fluide ; à cause que les petits tourbillons dont elle est composée feront équilibre avec ceux du second élément dont les petits tourbillons de l'air sont formés.

Mais si par quelque cause que ce puisse être les petits tourbillons de l'eau viennent à perdre une partie de leur mouvement, & sont obligés, (comme on l'a expliqué Pr. 8) de devenir plus petits ; Alors ,

1°. L'équilibre qui est entre les petits tourbillons de l'eau & de l'huile R (Fig. 51) qui sont au centre des espaces angulaires que les tourbillons de l'eau laissent entre eux, venant à se rompre, les petits tourbillons de l'huile R s'agrandiront, & sortant des angles où ils étoient détenus en vertu de cet équilibre, formeront ces molecules d'air qui se separent de l'eau durant la congelation.

2°. Les molecules de l'eau étant devenuës plus petites, les petits tourbillons subalternes dont elles sont composées ne pourront plus circuler séparément l'un de l'autre autour du centre de la molecule de l'eau qu'ils compofent:ceux qui feront voifins des poles de cette molecule ne pourront plus faire plufieurs circulations, tandis que ceux qui font à l'équateur en font une. D'où il fuit que ces petits tourbillons fubalternes formeront à la fuperficie de la molecule de l'eau qui les contient, une efpece de croute dont les points cefferont de changer de fituation les uns par rapport aux autres.

3°. Par ce moyen chaque molecule de l'eau étant recouverte d'une enveloppe,ces molecules ne pourront plus réfifter à l'effort élaftique du fecond élément, & n'étant plus foutenuës par les petits tourbillons de l'huile qui font fortis des efpaces angulaires R, elles feront contraintes de s'applatir l'une contre l'autre , d'autant plus fortement que les petits tourbillons de l'eau qui continuent à circuler sous ces enveloppes perdront plus de leur mouvement circulaire & deviendront par-là plus petits. Ces molecules d'eau enveloppées d'une croute se toucheront donc en plusieurs faces differemment situées, & composeront donc (Pr. 7. 6) un corps dur tel qu'est la Glace. Donc, &c. C. Q. F. D.

Quoique ce soit ici la cause principale de la Congelation, je suis néanmoins bien éloigné de croire qu'il n'y ait pas dans le détail de cet effet, dans lequel je ne dois pas entrer, un grand nombre de circonstances qui méritent d'être considerées, comme on peut le voir dans l'excellente Dissertation sur la glace, de M. de Mairan.

REMARQUE.

On peut donc comprendre, par
ce que nous venons de dire, comment un corps tel que l'eau,
passera prontement de l'état de
fluidité la plus parfaite, dans celui d'une grande dureté. Mais
quoique l'eau puisse devenir de
plus en plus dure, par l'augmentation du froid, elle ne pourra
néanmoins jamais acquerir la
dureté du diamant ni du verre ;
de sorte que le moindre degré de
chaleur au dessus de celui qui a
été déterminé par la congelation
dans la construction du Termometre, suffira pour la rendre liquide ; ce qu'il faut ici expliquer
avec soin.

Nous avons déja vû (Pr. 7. 6)
que l'élasticité de l'air étoit un
moyen capable de produire une
espéce de dureté : mais qu'elle ne
suffisoit pas pour produire la du

reté ordinaire des corps, & que pour cet effet il falloit une force de compreſſion incomparablement plus grande. Cependant il eſt bon de remarquer que cette force comprimante de l'air demeurant conſtante, peut agir plus ou moins fortement ſur un corps, pour le rendre dur, ſelon que la force élaſtique de ſes particules, qui doit toujours être moindre que celle de l'air, ſera en ſoi moins ou plus grande ; & que s'il y a équilibre entre ces deux forces, celle de l'air ſera entierement privée de ſon effet.

Mais comme nous avons vû qu'outre cette force élaſtique de l'air ou du troiſiéme élément, il y en avoit une autre, qui eſt celle du ſecond élément, ou de la matiere qui ſert de vehicule à la lumiere, & dont la force eſt incomparablement plus grande que n'eſt celle de l'air ; Il eſt clair que quoique cette force ne puiſſe pas exercer ſon pouvoir ſur une bulle d'air, ou autres milieux ſemblables, dont les molécules ſont de petits tourbillons du troiſiéme élément, dont l'élaſticité eſt d'un genre ſuperieur à celle du ſecond élément; cette force peut neanmoins exercer ſon action ſur l'eau que nous avons dit être un amas de petits tourbillons, qui font équilibre avec ceux du ſecond élément. D'où il ſuit qu'un volume d'eau pourra être comprimé par ce milieu, de la même façon qu'une bulle d'air renfermée dans une veſſie de carpe, peut l'être par l'air extérieur ; de ſorte que ſi les molécules de l'eau n'ont pas toute la force centrifuge néceſſaire pour réſiſter à cette compreſſion, elles en feront opprimées, juſqu'au point de perdre leur fluidité, & de devenir glace; comme on vient de l'expliquer.

Or quoique la force comprimante du fecond élément foit incomparablement plus grande que n'eft celle de l'air, & qu'elle foit comme celle-ci capable d'agir plus ou moins fortement fur les milieux fur lefquels elle peut exercer fon pouvoir ; il y a encore dans la nature un troifiéme milieu comprimant, dont la force élaftique eft incomparablement plus grande que n'eft la précédente;c'eft celle du premier élément, laquelle exerçant fon pouvoir plus ou moins fortement fur les molécules du diamant ou du verre, pourra produire dans ces corps toute la dureté qu'on y éprouve, fans qu'elle puiffe produire le même effet fur l'eau, à caufe que, comme on le verra dans la fuite, les molécules de ces corps font aux molécules de l'eau ce que celles de l'eau font aux molécules de l'air.

LEÇON IX.

LECON IX.

DU FEU, DU SEL,
Et de la vertu diſſolvante
de l'Eau.

PROPOSITION I.

L'action du Feu ne procede pas du mouvement confus d'une matiere ſubtile : mais elle procede mécaniquement du mouvement circulaire des petits tourbillons du premier élement.

ON a donné le nom de *Feu* à l'objet qui excite en nous le ſentiment de chaleur & de lumiere: mais comme on a reconnu avec Deſcartes que le feu n'excitoit en nous ces ſen-

Gg

fations vives que par le mouvement qu'il produit dans les
moindres parties des corps fenfibles, qu'il rarefie le plus fouvent
à mefure que fon action augmente ; on a jugé avec raifon
que l'élément du feu ne confifte
que dans un très grand mouvement actuellement exiftant dans
les parties d'une matiere très-
fubtile qui remplit tout l'Univers, & qui pénetre dans les pores les plus étroits de tous les
corps.

Mais comme il ne fuffit pas
d'avoir reconnu par l'expérience la néceffité qu'il y a d'admettre dans l'Univers une matiere très fubtile & très-agitée,
fi en même temps on ne détermine pas la caufe mécanique qui la conferve dans cet état
de fubtilité & d'activité per-
petuelle que nous éprouvons
en elle : Que Defcartes ne nous a

donné qu'une idée très-confuse
du mouvement de cette matiere
subtile, qu'il nommoit son premier élément, & qu'il ne pla-
çoit que dans les intervalles que
laissoient entre eux les globules
de son second élément : d'où on
ne concevoit pas aisément qu'elle
pût se dégager pour produire les
effets qu'il lui attribuoit ; on voit
que c'est principalement ici une
nécessité, si l'on veut n'employer
que les seules loix des mécaniques dans l'explication des Phénomenes du Feu, de transformer, comme nous l'avons déja
fait avec succès, le second & le
premier élément de Descartes
en de très-petits tourbillons : car
on concevra par là distinctement
que non-seulement les intervalles que laissent entre eux les petits tourbillons du second élément, seront pleins de la matiere du premier élément : mais

qu'elle remplira auſſi tout l'eſpace que le ſecond & le troiſiéme élément occupent : ou plûtôt que ce ſecond & ce troiſiéme élément ne ſeront en effet
formés que de cette matiere ſubtile du premier élément ; & par
conſéquent l'on comprendra
comment l'élément du Feu peut
pénétrer univerſellement tous
les corps.

De plus, comme les molecules
du premier élément ne ſont autre choſe que des tourbillons incomparablement plus petits que
ne ſont ceux du ſecond élément ;
& que ces petits tourbillons
ne doivent pas moins continuer
ſans ceſſe à circuler, que les
grands tourbillons du ſoleil, des
planetes , & des étoiles fixes ,
puiſque la matiere étant diviſi-
ble à l'infini, il n'y a pas plus de
raiſon qu'un petit tourbillon
ceſſe de circuler qu'un grand.

On conçoit encore, avec une clarté & une diftinction parfaite, la continuation perpétuelle du grand mouvement qui eft requis pour la génération du Feu. De forte que ce qui refte à éclaircir fur ce point ne peut être autre chofe finon, comment il arrive, que ce grand mouvement toujours fubfiftant dans la matiere ne fe manifefte néanmoins à nos fens, & qu'il n'agit fur les objets qui les frappent que dans des circonftances particulieres.

II. Pour entendre ce point important il faut faire attention que malgré la force centrifuge comme infinie de chacun des petits tourbillons du premier élément, dont tout l'univers eft rempli, il n'y a pas plus de raifon que l'un de ces tourbillons s'agrandiffe que l'autre, & qu'ils doivent demeurer dans un parfait équilibre, jufqu'à ce que quelque caufe étrangere vienne rompre cet accord mutuel ; & l'on concevra distinctement que cet équilibre est une barriere qui suffit ordinairement pour contenir l'action de l'élément du Feu dans ses limites ; & qu'elle ne se produira à nos sens , que lorsque par quelque cause que ce puisse être , quelques-uns de ces petits tourbillons du premier élément viendront à s'agrandir aux dépens des autres ; & que par ce moyen cet accord, cet équilibre des molecules du premier élément sera rompu en quelque endroit.

III. L'expérience apprend que lorsqu'on bande dans l'air une corde à boyau sur deux points d'appui & qu'on vient à la pincer, elle fait plusieurs vibrations, plusieurs allées & venuës qui se communiquent à l'air , & par l'air aux organes de l'ouïe, ce

qui produit en nous le fentiment de fon ; & que de ce
que la corde eft plus ou moins
longue, plus ou moins groffe,
plus ou moins tenduë, le fon eft
plus ou moins grave ; parce qu'a-
lors les vibrations qu'elle produit font d'une plus longue ou
plus courte durée. Que ce ne
font pas précifément les grandes vibrations que la corde excite dans la maffe de l'air qui
produifent le fon : mais que ce
font plûtôt les petites vibrations,
que les moindres fibres de la corde produifent en même tems
dans les molecules de l'air, qui
font la caufe la plus immédiate
du fon, puifqu'on éprouve qu'il y
a des cordes à boyaux qui paroiffent égales à la vûë, dont l'une
néanmoins eft beaucoup plus
fonore que l'autre ; ce qui ne
peut venir que de ce que les
petites vibrations des fibres de

la premiere font mieux d'accord entre elles que les vibrations des fibres de la feconde ; & que plus grand eft le nombre de ces petites vibrations, plus fort eft le fon que la corde produit quoiqu'au même degré de gravité.

Or s'il eft vrai, ainfi que M. Huygens & le P. Malebranche l'ont fuppofé avec affez de fondement, que la lumiere ne confifte que dans de pareilles vibrations excitées dans l'éther par les molecules du Feu ; qu'il n'y ait d'autre difference dans les unes & dans les autres de ces vibrations, finon que celles qui font excitées dans l'éther par les molecules du Feu, font incomparablement plus promptes que celles qui font excitées dans l'air par les parties infenfibles des corps fonores ; & que comme mille & mille experiences nous

l'affurent, l'action de l'élément
du feu ne fe tranfmette aux organes de nos fens, & dans les
corps fenfibles que par l'entremife des molecules de l'Huile
contenuës dans les pores de ces
corps ; On concevra enfin que fi
par quelque caufe que ce puiffe
être , quelques molecules de
l'Huile qui , comme nous l'a-
vons déja dit (Pr. 9. 8), font de
petits tourbillons qui font équilibre avec ceux du premier élément, & qui étant chargés de
petits globules péfans, ont par ce
moyen la faculté d'ébranler les
molecules des autres corps fenfibles dans les pores defquels
ils font engagés, viennent à recevoir un mouvement plus
grand que celui qui leur eft
néceffaire pour entretenir l'é-
quilibre avec les tourbillons du
1er élément ; on concevra, disje,
que ces petits tourbillons de

l'Huile, feront des efforts réite-
rés pour s'agrandir ; & qu'il y a
deux façons de concevoir l'a-
grandiffement d'un tourbillon à
l'égard de fes voifins ; l'une mo-
derée qui fe fait par fecouffes &
qui ne va pas à rompre entie-
ment l'équilibre qui eft entre
eux ; l'autre plus violente , qui
fait que ce petit tourbillon ceffe
de faire équilibre avec ceux de
fon ordre , & commence à mefurer fes forces avec celles des
tourbillons d'un ordre fupérieur.

Or on peut diftinguer dans
ces deux cas d'agrandiffement,
une fuite infinie de dégrés.
Car dans le premier cas , les
petits tourbillons de l'Huile
produiront dans le milieu qui
les contient des fecouffes promptes & fubites, en quoi l'on peut
facilement faire confifter la chaleur & la raréfaction de ce milieu, dont le dégré fera d'au-

tant plus ou moins grand que
ces petits tourbillons, qui se balancent parmi les autres, seront
en même tems en plus grand ou
en plus petit nombre ; que ces secousses moderées n'iront pas jufqu'à détruire le milieu sur les
parties duquel elles exercent
leur action ; mais qu'elles leur
imprimeront seulement ce mouvement turbulent dans lequel
on a coutume de faire confifter la chaleur ; & que ce nouveau mouvement étant communiqué aux molecules de ces
corps qui font de petits tourbillons qui s'agrandissent nécessairement à mesure qu'ils circulent plus promptement, produira dans ces corps cette augmentation de volume que nous
y éprouvons.

Que dans le second cas, certains petits tourbillons du premier élément venant à rompre

entierement l'équilibre avec les autres tourbillons du même genre, & commençant à se balancer avec ceux du second élément qui, à cause de leur grandeur, n'ont pas tant de force centrifuge que ces nouveaux venus, dont la force est d'autant plus grande par rapport à la leur, qu'ils sont plus petits qu'eux ; il arrivera que durant tout le temps que ces petits tourbillons du premier élément mettront à devenir tourbillons du second élément, ils exciteront dans ce milieu des secousses & des vibrations d'autant plus fermes qu'ils seront devenus plus grands, & d'autant plus vives qu'ils seront en plus grand nombre. Or c'est dans ces vibrations excitées dans le second élément, en quoi l'on fait communément consister la lumiere, comme on fait consister

le ſon dans les vibrations excitées dans l'air par le frémiſſe-
ment des corps ſonores.

On peut donc concevoir que
par une conſéquence claire &
diſtincte du mécaniſme que
nous avons déja établi, un
corps deviendra chaud & ſe rarefiera, lorſque les molecules de
l'huile qu'il contient dans ſes
pores étant ébranlées par quelque cauſe que ce puiſſe être,
produiront des ſecouſſes promptes & réïterées dans les molecules de ce corps qui n'iront pas
juſqu'à rompre entierement l'é-
quilibre qui eſt entr'elles, &
les petits tourbillons du premier
élément. Et que ce même corps
deviendra lumineux, lorſqu'un
nombre conſidérable de petits
tourbillons de l'huile qu'il contient venant à rompre, l'équilibre avec les petits tourbillons du
premier élément qui les retient ,

s'agrandiront peu à peu & deviendront tourbillons du second élément. Donc, &c. C. Q. F. D.

REMARQUE.

Comme on peut diftinguer une fuite infinie de dégrés dans ce dernier agrandiffement des petits tourbillons de l'huile, que dès le premier inftant qu'un de ces petits tourbillons commence à faire équilibre avec ceux du fecond élement, fes vibrations font plus promptes, que dans le fecond inftant qu'il eft devenu plus grand; & dans le fecond que dans le troifiéme, & ainfi de fuite; & que dans un très-grand nombre de petits tourbillons de l'huile qui s'agrandiront de la forte, il y en aura toujours plufieurs qui fe rencontreront au même degré de promptitude ou de lenteur; on concevra aifément que les vibrations que ces petits tourbillons exciteront dans l'éther pourront être de differens degrés de promptitude, dont l'un pourra exciter en nous la couleur *violette*, l'autre la couleur *pourpre*, l'autre la couleur *bleuë*, l'autre la couleur *verte*, l'autre la couleur *jaune*, l'autre la couleur *d'or*, l'autre enfin la couleur *rouge*, & cela dans toutes les nuances de ces couleurs.

De sorte que pour expliquer mécaniquement tout ce que M. Newton a déterminé par l'expérience au sujet des couleurs dans son Optique, il ne sera pas nécessaire de supposer autant de divers genres de petits corps subsistans, plus grands les uns que les autres, qu'il y a de differentes couleurs, & de differens degrez dans chacune de ces couleurs, ce qui seroit comme impossible.

Car on concevra que le même

petit tourbillon d'huile qui accompagné d'une infinité d'autres, commencera à rompre l'équilibre avec les petits tourbillons du premier élément & qui, à cause de son extrême petitesse, par rapport aux tourbillons qui composent le second élément, produira d'abord dans ce milieu les vibrations propres à exciter en nous la couleur *violette*, venant aussi-tôt à s'agrandir un peu plus, excitera en nous la couleur *pourpre*, puis continuant à s'agrandir encore, il sera capable d'y exciter la couleur *bleuë*, & ainsi de suite.

Si bien que tandis qu'un grand nombre de petits tourbillons d'huile qui, dans un premier instant auront acquis la grandeur suffisante pour exciter en nous la couleur *violette*, acquerant dans un second instan celle qui leur convient pour y exciter

citer la couleur *pourpre*, un pareil nombre d'autres petits tourbillons d'huile ne commenceront dans ce second inftant que d'acquérir la grandeur convenable pour exciter en nous la couleur *violette*. Et lorfque dans un troifiéme inftant les premiers acquerront la grandeur convenable pour exciter en nous la couleur *bleuë*, & les feconds la couleur *pourpre*, un troifiéme nombre d'autres tourbillons de l'huile n'acquerront dans ce troifiéme inftant que la grandeur convenable à exciter en nous la premiere couleur. Et ainfi de fuite.

De forte que l'on pourra concevoir par-là diftinctement comment l'éther peut recevoir en même tems toutes les différentes vibrations propres à chaque couleur, lefquelles agiffant toutes confufément fur le fond de nos yeux, y exciteront la couleur *blanche*, ou cet éclat de lumiere que nous fentons dans la flamme. Ainfi que nous l'expliquerons plus en détail dans la fuite.

PROPOSITION III.

L'Huile ne peut acquerir la forme de flame dans les pores de l'eau : mais feulement lorfque fes molecules font répanduës dans les pores de l'air.

Les liqueurs aufquelles on a donné le nom d'huile & que l'on retire de plufieurs minéraux & de tous les végétaux, fur tout de leurs femences, ne font pas des liqueurs homogenes. Car, comme nous l'avons déja remarqué, on retire de ces liqueurs une très-grande quantité d'eau, ce qui doit nous faire comprendre que les molecules de l'huile proprement dites, & dont nous avons parlé dans la leçon précedente, ne font ordinairement

contenuës que dans les pores de
l'eau, & fur la fuperficie des
petits tourbillons dont elle eft
compofée ; de telle forte que
plus les molecules de l'eau feront
chargées de ces molecules de
l'huile, plus la liqueur fera
ce que nous appellons huile.

Or nous appellons huile tout
ce qui peut s'enflamer. Ainfi
l'efprit de vin qui s'enflamme eft
une efpece d'huile, c'eft-à-dire,
une eau dans les pores de laquelle il y a des molecules d'huile :
mais dans les pores de cette liqueur les molecules de l'huile y
font plus grandes, plus dévelopées & en moindre nombre que
dans l'huile d'olive par exemple,
où elles font beaucoup moins
dévelopées, plus ferrées & en
beaucoup plus grand nombre ;
Dans les huiles qui pefent plus
qu'un pareil volume d'eau, les
molecules de l'huile y font ré-

duites chacune en un ſi petit volume qu'étant conſiderées toutes enſemble elles peſent plus qu'un pareil volume d'eau. Ainſi plus une huile nous paroît épaiſſe & groſſiere, plus nous devons penſer que ſes parties propres ſont petites, & au contraire plus elle nous paroîtra fine, legere, plus nous devons penſer que ſes parties propres ſont grandes, étenduës, & en moindre nombre.

Or l'expérience apprend que tant que les molecules de l'huile ſont contenuës dans les pores de l'eau, elles peuvent bien acquerir un grand degré de chaleur & de raréfaction : mais qu'elles ne peuvent jamais s'enflammer ; & qu'elles n'acquierent cette forme que lorſqu'elles ſont répanduës dans les pores de l'air. Car ſi l'on plonge une alumette enflammée dans de l'eſprit de

vin, la liqueur ne s'enflamme
pas pour cela, l'alumette s'éteint;
mais si on se contente d'approcher la flamme de l'alumette, de
la superficie de la liqueur, alors
les molecules de l'huile qui
se détachent sans cesse de
l'esprit de vin, se répandant dans
les pores de l'air, s'enflamment;
& cette flamme dure jusqu'à ce
que toute la liqueur soit consommée.

En effet tant que les molecules
de l'huile, qui sont de petits tourbillons qui font équilibre avec les
petits tourbillons du premier élémens, sont contenuës dans les
pores de l'eau, qui sont des tourbillons du second élément, dont
la force elastique est incomparablement plus grande que n'est
celle des molecules de l'air qui
sont des tourbillons du troisiéme élément, ces petits tourbillons de l'huile peuvent bien re-

cevoir par la chaleur du feu des ébranlemens, des secousses, des vibrations qui tendront à les agrandir de plus en plus, & qui leur procureront un très-grand degré de chaleur : mais comme la plus grande partie de ce mouvement passera nécessairement aussi-tôt dans les molecules de l'eau, dont la pesanteur est très-grande par rapport à un pareil volume d'air, on conçoit que les petits tourbillons de l'eau acquerront en même tems la force de repousser les efforts que ceux de l'huile, qui sont du premier élément, font pour devenir des tourbillons du second élément, ce qui est nécessaire, comme nous l'avons dit (Pr. 2) pour produire la flamme.

Ainsi on aura beau laisser dans l'eau boüillante une bouteille de verre à long col pleine d'efprit de vin fi long-tems que l'on voudra , les molecules de l'huile dont cette liqueur eft chargée , acquerront bien un très grand mouvement qui fe communiquant à l'inftant aux molecules de l'eau qu'elle contient , fera que la liqueur toute entiere fe rarefiera , & occupera un plus grand volume ; Il pourra même fe faire que les molecules de l'huile R (Fig. 51) qui font aux centres des intervales L N P que laiffent entre eux les petits tourbillons de l'eau, & qui font déja devenuës fans beaucoup d'efforts tourbillons du fecond élément , s'en échappent & deviennent tourbillons de l'air, comme nous l'avons expliqué (Pr. 10. 8.) & que par ce moyen la liqueur produife une grande quantité de bulles d'air qui fe fuccederont les unes aux autres ; mais ce n'eſt pas là en quoi l'on peut faire conſiſter la flamme.

Ces molecules de l'air qui ſe forment alors & qui procedent des petits tourbillons de l'huile qui ont déja acquis tranquillement dans les entrailles de l'eau la forme de petits tourbillons du ſecond élément, ne peuvent en ſe transformant en tourbillons de l'air ou du troiſiéme élément, exciter dans le ſecond les vibrations qui conſtituent la lumiere. Il faut pour cet effet que les molecules de l'huile qui ſont des tourbillons du premier élément, ayent (Pr. 2) le moyen de ſe transformer ſubitement & en très-grand nombre en tourbillons du ſecond élement, ce qu'elles ne peuvent faire tant qu'elles ſont reſſerrées dans les pores de l'eau qui, par la force centrifuge de ſes molecules incomparablement plus

grande que n'est celle des molecules de l'air, résiste à leur
agrandissement.

Ainsi lorsqu'on plongera une
alumette enflammée dans l'esprit de vin, les molecules de
l'huile que ce fluide contient
abondamment, se feront bien-
tôt saisies de tout le mouvement
que les petits tourbillons de
la flame de l'alumette pourront
avoir, lequel se distribuera à
l'instant dans tous ces petits tourbillons de l'huile, & ne pourra
sensiblement augmenter leur
volume. D'où il suit que les petits tourbillons de l'huile contenus dans cet esprit de vin ne
pourront pas par ce petit effort
s'enflammer: c'est-à-dire, rompre l'équilibre qu'ils observent
avec les petits tourbillons du
premier élément, & devenir su-
bitement tourbillons du second
élément.

Et l'on voit encore la raison pourquoi dans la machine du vuide les molecules de l'huile qui sortent en bulles d'air des entrailles de l'eau par l'exercice de la pompe, ne doivent, ni échauffer l'eau, ni la rarefier sensiblement. Car alors ces molecules de l'huile étant dechargées du poids de l'atmosphere, & n'étant pas par conséquent retenuës dans les pores de l'eau, avec autant de force qu'elles le font dans ceux de l'eau que l'on met auprès du feu ; elles n'ont pas l'occasion d'agir si fortement sur les molecules de l'eau. Au lieu que celles qui font dans les pores de l'eau que l'on met auprès du feu, ayant le poids de l'atmosphere à vaincre & ne pouvant parvenir au point de se transformer en air qu'après avoir reçû un mouvement capable de balancer cet effort,

elles auront le temps & l'occafion d'acquerir par l'action du
feu, toute la force qui leur eft
néceffaire pour communiquer
aux molecules de l'eau le mouvement qui convient à l'agrandiffement & au degré de chaleur qu'elles obtiennent par l'é-
bullition.

Mais fi l'on ne fait qu'approcher la flame de l'alumette, dela
fuperficie de l'efprit de vin; alors
les petits tourbillons qui forment cette flamme & qui ont un
très-grand mouvement circulaire, venant à rencontrer quelques uns des petits tourbillons de
l'huile, qui font à la fuperficie
de la liqueur; & à qui il ne manque qu'un petit degré de force
pour rompre l'équilibre qu'ils
obfervent avec les petits tourbillons du premier élément,& pour
s'elancer dans les pores de l'air
beaucoup plus grands que ceux

de l'eau & où ils se trouveront
plus au large & comprimés avec
une moindre force que dans les
pores de l'eau, venant à recevoir
ce petit degré de force par l'action de la flamme de l'alumette ;
ces petits tourbillons, dis-je, s'é-
lanceront dans les pores de l'air,
incomparablement plus grands
que ceux de l'eau, où ils iront
s'étendre & se développer en plus
grand nombre, & se revêtiront
enfin de la forme de flamme.

Ensuite ces petits tourbillons
enflammez avant que de s'éloigner de la superficie de la liqueur, communiqueront aux
petits tourbillons dont ils sont
sur le point de se séparer, le petit degré de force qui leur est
necessaire pour en faire autant
que les precédens., & ainsi de
suite ; de sorte que toute la liqueur se dissipera peu à peu en
se réduisant en flamme. Car les

molecules de l'eau que l'efprit
de vin contient recevront auffi
par l'entremife des molecules de
l'huile affez de mouvement du
premier élément pour fe répandre dans l'air, non pas en forme
de flamme, mais en forme de
vapeur. Dont la raifon eft que
les molecules de l'eau font déja
de petits tourbillons du fecond
élément, & que la lumiere confifte en ce que des petits tourbillons du premier élément devenant tourbillons du fecond élément excitent dans ce milieu des
ébranlemens, des fecouffes, des
vibrations, en quoi l'on fait confifter la lumiere ; au lieu que les
petits tourbillons de l'eau, étant
déja par eux-mêmes, tourbillons
du fecond élément, ne peuvent
ni en s'agrandiffant, ni d'aucune autre maniere, produire l'effet dont il s'agit ; feulement ils
contribueront à augmenter la

flamme en étendant les petits tourbillons de l'huile qui se répandront sur leurs superficies, & en entraînant avec eux dans les pores de l'air un plus grand nombre de petits tourbillons de l'huile qui s'agrandissant tous ensemble augmenteront la flamme, & la rendront plus forte & plus vive qu'elle n'auroit été.

PROPOSITION IV.

La lumiere du Soleil nous est transmise par les vibrations que les molecules enflammées de l'huile que son atmosphere contient, excitent dans le second élément; & la chaleur, par les vibrations que ces mêmes molecules excitent dans le premier élément. De telle sorte que la lumiere pourra être quelquefois sans chaleur, & la chaleur sans lumiere.

L'Astronomie apprend,

1°. Que la diſtance *d* du centre duSoleil à ſa ſuperficie, eſt de 100 demi-diametre de laTerre & que la diſtance *D* du centre duSoleil à celui de laTerre eſt de 22000 de ces mêmes demi-diametres ; d'où il ſuit que *D. d* :: 22000. 100. ou que *D. d* :: 220. 1. 2°. Que le tems *t* de la révolution d'un des points de l'équateur duSoleil eſt de 25 jours 12 heures, & que le temps *T* de celle du centre de la Terre autour du ſoleil eſt de 365 jours 5 heures 49 minutes : ou de 525959 minutes.

Or ſelon la regle de Kepler qui eſt la loi de l'équilibre des points d'un tourbillon, les quarrés des tems des révolutions doivent être entre eux comme les cubes des diſtances ; qu'ainſi $D^3. d^3 :: TT. tt.$ D'où il ſuit que $\sqrt[3]{D^3}. \sqrt[3]{d^3} :: T. t.$ Or *D.* étant 220. & *d* étant 1. $\sqrt[3]{D^3}$. ſera 3263 & $\sqrt[3]{d^3}$. ſera 1.

On aura donc $\sqrt[3]{\,} D^3 (3263)$. $\sqrt[3]{\,}$ $d^3 (1) :: T (525949)$. $t =$ 161 minutes.

Le Soleil devroit donc felon la regle de Kepler, qui eft la loi de l'équilibre, achever fa révolution en 161 minutes, cependant il ne l'acheve qu'en 25 jours 12 heures, ou en 36720 minutes ; c'eft-à-dire, que le même accident que nous avons vû (Pr, 13. 6.) être arrivé à la Terre, arrive ici au globe du Soleil.

Or nous avons vû au même endroit cité, que la raifon pour laquelle la Terre pouvoit n'achever fa révolution qu'en 17 fois moins de temps que la loi de l'équilibre l'éxige, venoit de ce que la Terre étoit dure. Et que cette confiftance de la terre avoit produit un atmofphere autour de ce globe. Nous devons donc penfer aufli que c'eft par la même

raifon

raison que le Soleil employe un
si long-tems à tourner autour de
son centre, & que par conféquent cet aftre eft un très-grand
globe folide, autour duquel il
y a une très-grande atmofphere
qui ne differe de celle de la Terre
qu'en ce quelle eft enflammée,
& qu'un nombre comme infini
de molécules de l'huile qui ne
font autre chofe que de petits
tourbillons du premier élément
au centre de chacun defquels
fe font formés des globu'es durs
& pefans, & qui à caufe du faffement & refaffement perpetuel
décrit (Pr. 17. 3.) fe détachent
fans ceffe de tous les points du
grand tourbillon folaire, fe précipitent au centre & y entretien-
nent l'embrafement.

Mais ces molecules de l'huile
qui s'enflamment fucceffivement
à mefure qu'elles s'apprchent de
la fuperficie du Soleil, excitent

néceffairement des vibrations
dans le premier & dans le fecond
élément dont tout l'univers eft
rempli ; & les vibrations qu'elles
excitent dans le premier élément, font à celles qu'elles excitent dans le fecond élément,
comme les vibrations des petites
fibres d'une corde à boyau font
à celles de la corde entiere, c'eft-
à-dire , qu'elles font comme infiniment promptes en comparai-
fon des autres. Et les molecules
de l'huile dont les pores des
corps fenfibles qui font autour
de la Terre font remplis, n'étant
autre chofe que de petits tourbillons qui font équilibre avec
ceux du premier élément ; il
s'enfuit que les vibrations que
les molecules enflammées de
l'huile qui font autour du Soleil
excitent dans le premier élément , fe transmettront aux
molecules de l'huile dont les

corps fenfibles font remplis ; que
ces vibrations ébranleront néceffairement ces molecules de
l'huile & produiront dans ces
corps la raréfaction & le mouvement de chaleur qu'on y
éprouve , tandis que les vibrations qu'elles excitent dans le
fecond élément produiront la
lumiere.

Ainfi les rayons , qui nous
viennent directement du Soleil ,
ne feront pas feulement capables d'exciter la lumiere dans
nos yeux , mais encore d'exciter
la chaleur dans nos mains , &
la raréfaction dans les corps fenfibles.

Mais ces petites vibrations
étant tranfmifes dans les corps
fenfibles , ne pourront en aucune forte fe transformer dans
les grandes qui excitent la lumiere. Ainfi ces corps pourront
bien nous paroître chauds , mais

ils ne pourront pas exciter en nous le fentiment de lumiere.

Au contraire, les rayons du Soleil qui vont frapper la Lune & qui font réfléchis vers la Terre ayant communiqué aux parties folides de la Lune tout le mouvement qui produifoit les petites vibrations excitées dans le premier élément, les rayons de lumiere que nous en recevrons, auront perdu en traverfant un fi grand efpace, ce frémiffement fubtil qui peut produire la chaleur, & ils n'exciteront en nous que le fentiment de lumiere; Comme une corde de lut que l'on pince & qui frappe nos doigts par fes grandes vibrations, ne frapperoit pas les organes de l'ouïe, fi ces grandes vibrations n'étoient pas accompagnées des petites vibrations des moindres fibres de cette corde. Ainfi les rayons de la Lune pourront bien être lumineux, mais ils ne pourront exciter aucun degré de chaleur quoiqu'on les rassemble avec un verre ardent, à cause que les molecules de l'huile qui font dans les pores des corps sensibles étant de petits tourbillons du premier élément qui ne balancent pas avec ceux du second élément, ne peuvent être sensiblement excités par les vibrations produites dans le second élément.

Et comme l'action du premier élément ne peut se communiquer aux autres parties de la matiere que par l'entremise des molecules de l'huile, on a la raison pourquoi les rayons du Soleil n'excitent pas sur les hautes montagnes le degré de chaleur qu'ils excitent au bas. Car au sommet des montagnes l'air qui y réside n'est pas ordinaire ment chargé de molecules d'huile aſſés denſe pour que les ébranlemens que les rayons de lumiere cauſent en elles puiſſent faire impreſſion ſur nos ſens. d'où il ſuit que nous devons y ſentir du froid au lieu du chaud. Donc &c. C. Q. F. D.

PROPOSITION V.

L'Huile doit recevoir tous les degrés de chaleur & de rarefaction dont un milieu peut étre capable. L'Eau au contraire ne peut recevoir qu'un certain degré déterminé de chaleur & de raréfaction.

On a toujours regardé com-un effet merveilleux que certaines liqueurs après avoir reçû un certain degré de chaleur & de raréfaction par l'entremiſe du feu, n'en puiſſent plus recevoir de nouveaux quoi qu'on augmente

le feu, & qu'on le pousse aussi
fortement qu'il est possible, &
que d'autres liqueurs au contraire en reçoivent comme à l'infini. Il est donc important de
voir si par notre mécanisme nous
ne pourrons pas déterminer
la cause de cet effet.

Nous savons déja (Pr. 9. 8.)
que les molecules propres de
l'huile sont de petits tourbillons
qui sont équilibre avec les petits
tourbillons du premier élément,
que ces molecules de l'huile à
cause de leur pésanteur sont capables, lorsqu'elles sont plus agitées que de coutume, d'agir sur
les molecules plus grossieres des
corps sensibles : De sorte que,
ce n'est que par l'entremise des
molecules de l'huile que l'élément du feu dont les moindres
parties sont trop subtiles pour
agir immédiatement sur les corps
sensibles, exerce sur eux sa

puiſſance . Et comme le feu dont nous pouvons faire uſage n'eſt autre choſe que ces mêmes molecules de l'huile qui, en s'étendant prodigieuſement dans les pores de l'air, ſe revêtent de la forme de flamme.

Ainſi nous ne ſerons pas ſurpris que les fluides qui contiendront dans leurs pores une grande quantité de cette matiere inflammable, comme l'huile ordinaire, l'eſprit de vin, le ſouffre fondu, &c. reçoivent par l'action des molecules du feu qui ſe commuiquant d abord aux molecules de l'huile, & des molecules de l'huile aux molecules plus ſolides que ces liqueurs contiennent; nous ne ſerons pas ſurpris, dis-je, que ces liqueurs reçoivent de très-grands degrés de chaleur & de rarefaction, puiſque nous ſavons déja que les molecules de

l'huile

l'huile peuvent s'agrandir au-
delà de toute borne, jufqu'à
fe diffiper entierement.

Mais nous ne concevrons
pas fi aifément pourquoi l'eau,
par exemple, après avoir bouilli environ un quart d'heure
& avoir augmenté fon volume jufqu'à un certain point,
ceffe d'acquérir de nouveaux
degrés de chaleur & de raréfaction, quoiqu'on augmente
le feu jufqu'au plus haut degré. Cependant fi l'on remarque avec foin que les molecules de l'eau ne peuvent recevoir du mouvemement des
petits tourbillons du premier
élément, de l'élément du feu,
que par l'entremife des molecules de l'huile contenuës
dans les pores de l'eau, lefquelles étant d'abord en équilibre avec les petits tourbillons du premier élément, ne

peuvent produire aucun effet
fur l'eau , mais qui devenant
plus grandes par l'action des
molecules du feu communiquent
de leur mouvement aux mo-
lecules de l'eau ; on s'apperce-
vra tout d'un coup que l'eau
après avoir bouilli environ un
quart d'heure , ayant perdu
toutes les molecules de l'huile
qui fe font échapées de fes
pores en forme d'air , a bien
dû recevoir du mouvement
dans fes parties, durant tout le
tems que ces molecules de
l'huile ont réfidé, en tout ou
en partie, dans les intervalles
que les molecules de l'eau
laiffent entre elles ; & que ces
molecules de l'huile ont été
excitées par la chaleur du feu ;
mais qu'au moment que l'eau a
été dépourvüe de ces molecules de l'huile elle a dû ceffer
de recevoir de ce mouvement.

L'eau a donc dû fe rarefier
juſqu'a un certain degré, paſſé
lequel elle a dû ceſſer d'acquérir du mouvement & du volume, quoique ſes pores ſe trouvent remplis de la matiere du
premier élément; à cauſe que
les molecules de cet élément
étant trop ſubtiles pour agir
immédiatement ſur celles de
l'eau & ne pouvant agir immédiatement que ſur celles de
l'huile, elles ne trouvent plus
dans les pores de l'eau ces
molecules de l'huile qui leur
ſervoient d'intermede, & qui
s'en ſont échapées en forme
d'air. Seulement il arrivera que
les molecules de l'eau n'ayant
plus entr'elles la liaiſon que la
viſcoſité des molecules de l'huile leur procuroit, elles pourront plus facilement ſe répandre dans l'air en forme de vapeur, ce qui arrive en effet,

K k ij

car lorfqu'on continuë à laiffer l'eau fur le feu elle fe diffipe entierement.

Quoique l'efprit de vin ou le fouffre fondu fe réduife tout entier en flamme, ce n'eft pas à dire pour cela que la quantité de matiere vraiment inflammable que ces liqueurs contiennent foit fort confidérable par rapport à celle qui refte & qui ne s'enflamme pas. Car les Chimiftes qui ont trouvé l'art de féparer l'eau de ces fluides, en ont retiré une fi grande quantité, que peu s'en faut qu'elle n'égale le volume entier de la liqueur employée.

D'où il fuit qu'auffi-tôt que l'on retirera de l'eau chaude le matras rempli d'efprit de vin, la matiere inflammable qu'il contient ceffant à l'inftant de recevoir un plus grand mouvement des molecules du premier élément, communiquera celui qu'elle a acquis, soit à l'air, soit aux molecules de l'eau contenuës dans l'esprit de vin ; & qu'elle leur communiquera ce mouvement d'autant plus facilement que la liqueur est plus rarefiée. D'où il suit que les degrés de la raréfaction de la liqueur excitée par un même degré de chaleur, tel qu'est celui de l'eau boüillante, doivent aller en diminuant, ainsi que M. de Reaumur l'a éprouvé, & que la surface *C* (fig. 48) de l'esprit de vin contenu dans le matras que l'on plonge dans l'eau chaude, & qui s'éleveroit à une hauteur comme infinie, si on l'y laissoit continuellement, s'arrêtera au point *F* lorsque le retirant de l'eau chaude il cessera de boüillir ; Qu'ensuite en réitérant la même opération, il s'arrêtera au point *G* ; puis au point *H* ; de telle forte que l'efpace *FG* fera beaucoup plus grand que l'efpace *GH* & *GH* plus grand que *HI*, & ainfi de fuite ; D'où il fuit qu'à la fin la difference des deux efpaces confécutifs fera infenfible ; ce qui nous portera à croire que la liqueur ne reçoit plus aucun degré de raréfaction par le même degré de chaleur : mais cela ne prouve autre chofe finon que les degrés qu'elle en reçoit font infenfibles, & que les molecules de l'huile font toujours difpofées à recevoir tous les degrés de chaleur & de raréfaction poffibles lors qu'aucune caufe extérieure n'y met obftacle.

Et en effet, géneralement toutes les liqueurs que l'on nomme vulgairement huiles, comme l'huile d'olive, l'huile

de noix, &c. reçoivent un si
grand degré de chaleur, même avant que de boüillir, qu'il
n'y a aucun termometre qui
puisse la mesurer ; & cette chaleur augmente ensuite jusqu'à
un tel degré qu'elle est capable de fondre les métaux qu'on
y met dedans.

Or la raison pourquoi les
liqueurs qu'on appelle proprement huiles, sont capables d'acquérir ces degrés de chaleur
avant même que de boüillir,
& qu'au contraire l'esprit de
vin bout à un degré de chaleur moindre que l'eau ; c'est
que les molecules de l'huile qui
environnent les molecules de
l'eau dans ces premieres liqueurs, & qui font de petits
tourbillons qui font équilibre
avec les petits tourbillons du
premier élément, sont si petites, si serrées les unes contre

K k iiij

les autres, en si grand nombre, & si fortement comprimées par l'effort élastique du premier élément ; qu'avant qu'elles puissent acquérir la forme d'air, & s'échapper des pores de l'eau que ces liqueurs contiennent, en quoi consiste l'ébullition, elles ont le temps d'acquérir un très-grand mouvement circulaire, en quoi on fait ordinairement consister la chaleur. Au lieu que les molecules de l'huile qui sont comprises dans les pores de l'esprit de vin, & qui environnent les molecules de l'eau contenuës dans cette liqueur, étant beaucoup plus étenduës, plus développées & comme toutes prêtes à s'enflammer, elles sont en état d'acquerir bien plus promptement la forme d'air, s'échapper des pores de l'eau, & boüillir à l'aide d'une chaleur médiocre.

PROPOSITION. VI.

L'Esprit de vin ne peut se geler que très difficilement: & l'Huile commune ne doit pas devenir en se gelant un corps dur comme la glace.

Car l'esprit de vin n'étant autre chose qu'une eau dans les pores de laquelle sont des molecules d'une huile très volatile, c'est-à-dire, très développée & toute prête à s'enflammer ; & (Pr. 12.7) l'eau ne pouvant se geler à moins que les molecules de l'huile ne sortent de ses pores & ne se transforment en air : ou qu'elles ne diminuent considerablement de volume par la perte de leurs mouvemens circulaires ; il est clair que les molecules de l'eau, qui est dans l'esprit de vin, étant chargées

& enveloppées d'un très-grand nombre de ces molecules de l'huile, cette eau ne pourra perdre le mouvement qui la rend fluide que lorfque les molecules de l'huile qu'elle contient : ou fe feront diffipées en fe réduifant en air : ou fe feront figées en diminuant de volume ; ce qui eft très - difficile à caufe de leur grand nombre & de leur dilatation actuelle.

Mais l'huile commune dont les molecules font beaucoup moins développées, & qui n'ont la force de réfifter à l'effort du premier élément, que parce qu'elles font fans ceffe ébranlées par les vibrations que les molecules du foleil excitent dans le premier élément, fuccomberont aifément à cet effort, lorfque l'huile fera dans la cave, ou dans un lieu où ces vibrations n'auront pû s'étendre :

Mais ce qui arrivera de-là, c'eſt
que les molecules de l'eau dont
l'huile contient un grand nombre, ſe trouvant enveloppées de
ces petits tourbillons de l'huile,
qui auront perdu leur mouvement circulaire, & qu'elles entraîneront autour de leur ſuperficie; feront moins en dan-
ger de perdre leurs mouvemens
circulaires, de s'applattir les
unes ſur les autres & de com-
poſer un corps dur comme la
Glace. De ſorte que tout ce
qui peut arriver à l'huile commune dans cet état eſt de ſe
figer comme on l'éprouve, & de
redevenir liquide auſſi-tôt qu'-
on l'expoſera à l'action des
mêmes vibrations de lumiere.
Donc, &c. C. Q. F. D.

REMARQUE.

Comme on voit que cet
état de moleſſe peut recevoir

differens degrés, felon que les molécules de l'huile feront plus ou moins chargées de globules pefans: ou que ces globules feront plus ou moins denfes, plus ou moins grands, plus ou moins pefans; & que (P. 9. 8) les molecules de l'huile réduites dans cet état de fixité font non-feulement comprimées par le poids de l'atmofphere: ou plûtôt par la vertu élaftique de l'air ou du troifiéme élément, mais encore par celle du fecond, & non-feulement par celle du fecond élément, mais encore par celle du premier, qui eft incomparablement plus grande que celle du fecond, comme celle du fecond eft incomparablementplusgrandeque celle du troifiéme; ce que nous venons de dire par rapport à l'huile commune, peut nous fournir une idée très diftincte

de la ductilité que nous éprouvons dans plusieurs corps; selon que les molecules de l'huile qui remplissent leurs pores
résisteront plus ou moins par
leur force centrifuge à l'action
de ces forces comprimantes.

PROPOSITION VII.

*Le SEL est une matiere savoureu-
se, seche, friable ; que l'Eau
dissout sans le détruire, & que
le Feu calcine & fond comme
un métal.*

I. La principale proprieté qui
distingue le Sel des autres matieres, est qu'il excite sur la langue le sentiment de saveur. Il
paroit ordinairement sous une
forme seche & friable qui pese
plus qu'un pareil volume d'eau:
mais l'eau ne laisse pas de le
dissoudre ou diviser sans le détruire en des parties si petites

qu'on ne peut les appercevoir à l'aide même du meilleur microfcope. De telle forte néanmoins qu'un certain volume d'eau ne peut tenir en diffolution qu'une quantité déterminée d'un même fel, que l'eau chaude en retient une plus grande quantité que l'eau froide; & que lorfqu'un certain volume d'eau qui s'eft chargé de la quantité de fel qu'il peut diffoudre vient à diminuer, ou que fa chaleur fe ralentit; une partie du fel fe précipite au fond du vafe en forme de criftaux. Enfin le Sel étant mis dans un creufet & expofé à l'action du feu, fe *calcine*; c'eft à-dire, qu'il fe réduit en une poudre très-fine, & par une plus grande violence de feu, il fond comme un métal. Dans cet état fes molecules font fi fubtiles qu'elles s'échappent

par des iſſuës par leſquelles celles de l'eau & de l'huile même ne peuvent paſſer.

II. Il y a de differentes eſ-
peces de Sels ; on les diſtingue.
1°. Par la diverſité des ſaveurs
qu'ils excitent ſur la langue ;
car les uns ſont aigres , les autres amers , d'autres ſont acres,
&c. 2°. Par les figures qu'ils
affectent de prendre en ſe criſ-
talliſant : car les uns ſe précipitent en forme de cubes ou de
dez à joüer , les autres en piramides , d'autres en longues é-
guilles , &c. 3°. Par les differentes matieres dont on les retire ; Ainſi ceux qu'on trouve
en foüillant la terre , ou qu'on
extrait des matieres contenuës
dans les mines ſe nomment
foſſiles ou *mineraux*, ceux qu'on
retire des plantes ſe nomment
végétaux , ceux qu'on retire
des matieres animales ſe nom-

ment *animals*. 4°. Enfin on les diftingue par leur confiftance ; car les uns font *fixes*, c'eft-à-dire, qu'ils ne s'élevent pas dans l'air par l'action même du feu la plus violente, les autres font *volatils*, c'eft-à-dire, que quoi qu'ils paroiffent, comme les précédens, fous une forme féche & friable, la chaleur les fait néanmoins monter dans l'air avec facilité.

III. Le *Sel gemme* que l'on trouve tout formé dans la terre, ne differe que trés-peu du *Sel marin*, & de celui que l'on retire de l'eau de certaines fontaines, on donne à ces trois fortes de fels le nom de *Sel commun*.

1°. Si l'on jette une certaine quantité de Sel commun dans fix fois autant d'eau qu'en filtre la diffolution, & qu'en la verfant par inclination dans

un

un autre vaisseau, on la sépare
bien de la terre qui est au fond,
qu'ensuite on la fasse boüillir
jusqu'à ce qu'il se forme une
pellicule sur sa superficie &
que l'ayant retirée du feu on la
laisse reposer en un lieu frais ;
il se formera des cristaux
cubiques très purs qui s'attacheront aux pores du vase. Ayant retiré ces cristaux,
si l'on remet la dissolution sur
le feu, qu'on la fasse boüillir
comme auparavant, jusqu'à
pelliculle, & qu'on la laisse
reposer ; on aura de nouveaux
cristaux, & ainsi de suite :
mais les premiers feront plus
purs que les seconds, & les seconds que les troisiémes, &c. Et
il restera à la fin une liqueur
grasse, mieleuse, acre, laquelle étant mise dans un creuset
& séchée au feu devient dure comme une pierre : ce qui

montre que les Sels contiennent toujours dans leurs pores des particules d'huile dont ils se déchargent en partie dans la cristalisation

2°. Si au lieu de ne faire d'abord boüillir la dissolution qu'à demi, on la laisse continuellement évaporer sur le feu, on trouvera à la fin le sel au fond sous une forme séche qui n'affectera aucune figure : mais le sel qu'on retire ainsi par l'évaporation n'avant pas eu l'occasion de se séparer de sa matiere grasse n'est jamais ni si pur, ni si pénetrant que celui que l'on a par la voye de la cristalisation.

3°. Si l'on fait rougir entre les charbons ardens un pot qui ne soit point verni, qu'on y jette d'abord une once de Sel commun, & qu'on couvre le pot; ce sel petille & se réduit

en poudre : on appelle ce bruit
Decrepitation, quand il a ceſſé
on jette encore une once de
ſel dans le pot qui décrépite
de nouveau , & on continuë
l'operation juſqu'à ce qu'on en
ait aſſés, il faut que le pot ſoit
toujours rouge. C'eſt le *ſel com-*
mun calciné ou *décrépité*. Par une
grande violence de feu ce ſel
fond & ſe liquefie : mais quoi
qu'il ait paſſé par tous ces differens états, il ne laiſſe pas d'ê-
tre toujours ce qu'il étoit , &
de reprendre la forme de ſel
commun lorſqu'on le diſſout de
nouveau dans l'eau , & qu'on
l'en retire par la criſtaliſation ;
la ſeule difference qu'on y remarque eſt qu'il eſt moins pi-
quant.

IV. Le *Nitre*, qu'on retire
communément des pierres des
vieux bâtimens qui ont long-
tems ſervi à la demeure des

animaux, & que pour cette raison, on nomme aussi *Salpétre*, est un sel fixe qui ne se cristallise pas en cubes, mais en longues éguilles, ou colonnes à six pans, il fond aisément dans le creuset & passe à travers ses pores ; il ne s'enflamme jamais à moins qu'on ne le mêle avec des matieres combustibles. Et au lieu de décrépiter dans le feu comme le sel commun, il y *fuse*, c'est-à-dire, qu'il imite le bruit que fait une fusée lors qu'elle traverse l'air, ou un fer chaud que l'on plonge dans l'eau.

Pour retirer le Nitre des pierres & autres matieres qui le contiennent, on les pulverise grossierement, on les fait boüillir dans beaucoup d'eau, afin que le sel s'y dissolve; on coule la dissolution & on la fait bouillir & évaporer sur le feu jusqu'à pellicule. Puis laiſſant repoſer le tout dans un lieu frais, le Sal-pêtre ſe précipite en criſtaux, tandis que le Sel commun qui s'y rencontre & qui ne ſe pré-cipite pas ſi facilement, demeu-re ſuſpendu dans l'eau.

V. Le *Borax* nous vient des In-des Orientales en criſtaux bruts, d'une couleur verdâtre, ſale & obſcure, enduis d'une matiere graſſe qui empêche ce Sel de ſe calciner à l'air, & de ſe réduire en farine, comme il arrive lorſqu'il en eſt dépoüillé. Le Borax ne ſe diſſout qu'après avoir été pulveri-ſé & mis dans une grande quanti-té d'eau boüillante ; il fond aiſé-ment au feu, & favoriſe la fuſion des métaux. Pouſſé au feu, il fond, ſe bourſoufle, blanchit, ſe calcine, & prend à la fin la forme de verre; ce qu'aucun autre ſel ne fait , à moins qu'il ne ſoit mêle avec une matiere vitrifiable. Il perd dans

cette opération sa couleur verte,
& la moitié de son poids qui se
réduit en une eau claire & insipi-
de. Ce *Verre*, quoique très-dur
& transparent, se ternit, se calcine à l'air, se dissout dans l'eau
boüillante, y dépose une terre
fine, blanche, s'y cristallise, &
devient enfin un *Borax purifié*.
(Mem. de l'Ac. 1732.)

VI. Le *Vitriol*, qu'on nomme aussi *Couperose*, est un minéral
qui participe, ou du fer, ou du
cuivre, ou de quelqu'autre matiere. Il y en a de cinq sortes,
le vert, le bleu, le bleu verdâtre, le blanc, & ce qu'on
appelle l'*Alun*.

Si l'on met une certaine
quantité de Vitriol dans un pot
de terre qui ne soit pas verni,
& que l'ayant mis sur le feu
on le fasse fondre & boüillir
jusqu'à ce que toute l'humidité
soit consommée, la matiere qui

eſt naturellement verte ou bleuë,
ſe réduira en une maſſe griſe
tirant ſur le blanc ; c'eſt le *Vitriol calciné en blancheur.* Si l'on
augmente le feu ; de blanc il devient rouge comme du ſang ;
c'eſt ce qu'on nomme *Colcothar.*

Si l'on prend deux livres
de Colcothar, qu'on les faſſe
tremper dans huit livres d'eau
chaude pendant dix ou douze
heures, & que l'ayant fait boüillir quelque tems, on le laiſſe
repoſer ; Qu'ayant verſé l'eau
par inclination, on en remette
d'autre ſur la matiere, pour réiterer l'operation , & ainſi de
ſuite· Et qu'après avoir mis toutes ces impregnations dans un
pot de verre, on en faſſe évaporer l'humidité ſur un feu de
ſable ; Il reſtera au fond une
eſpece de ſel, qui aura encore
toutes les qualités du Vitriol.

VII. Le *Sel Ammoniac* eſt un

fel volatil qui nous vient d'E-
gypte. On en a long-tems igno-
ré la fabrique. On a fçu depuis
peu (Mem. de l'Acad. 1725.)
qu'on le retire uniquement de
la fiente des chameaux, des
Vaches & autres Beftiaux qui
paiffent le long du Nil. On fait
brûler ces excrémens dans la
cheminée, & on en recüeille la
fuye, dont on remplit de grands
balons de verre jufqu'aux deux
tiers, dont le col n'a que deux
ou trois pouces de long, qu'on
laiffe ouvert, & dont on lutte
l'hémifphere fupérieur. On les
pofe debout dans un fourneau,
& à l'aide d'un petit feu, qu'on
augmente peu à peu, le Sel Ammoniac fort de la matiere, ce
fvblime & va s'attacher contre la
fuperficie fupérieure du balon,
en forme de gâteaux.

Quoique l'urine & les excrémens des animaux qui vivent

dans

dans nos régions, contiennent un Sel qu'on nomme *Ammoniacal*; on n'a pas néanmoins encore pû trouver le moyen de l'avoir fous la forme du Sel Ammoniac d'Egypte. Il eſt à croire que les plantes qui croiſſent au bord du Nil, dont le terrein eſt très-falin & le climat très-chaud, ont pu contribuer à former ce fel, qui ayant paſſé par le corps des beſtiaux, aura achevé de s'y ſubtilifer.

Si l'on pulverife une livre de Sel Ammoniac, & qu'on le jette à diverfes reprifes dans trois ou quatre pintes d'eau, en la remuant avec un baton, l'eau deviendra confidérablement froide. Si l'on filtre cette eau, & qu'on la faſſe évaporer jufqu'à ficcité, on aura le Sel Ammoniac purifié.

VIII. Les Plantes contiennent de deux fortes de Sels, l'un

qu'on nomme *essentiel*, & l'autre *fixe*, qu'on nomme *Alkali*. Souvent on retire le Sel essentiel des plantes par la seule cristallisation ; on pile l'herbe dans un mortier. On en exprime le jus, que l'on filtre à travers un linge ou un morceau de drap; & on met ce jus dans une terrine, que l'on porte à la cave, ou en un lieu frais. Quelques jours après on trouve le Sel essentiel, qui s'est précipité en cristaux, attachés au fond & contre les parois du vase. Ce Sel retient les qualités de la plante dont on l'extrait, il ne se dissout pas dans l'eau froide, & lorsque l'eau chaude l'a dissout, il tombe au fond du vase aussitôt que l'eau redevient froide.

On retire le Sel fixe des végétaux, en les réduisant en cendres, que l'on délaye dans beaucoup d'eau chaude ; on filtre la lessive dans une terrine, on fait

évaporer toute l'eau fur le feu ,
le *Sel fixe* ou *Alkali* refte au fond
du vafe. Les molecules de ce Sel
font extrêmement fubtiles , & fe
diffolvent dans l'eau avec une
extrême facilité. Le *Sel Alkali du*
Tartre eft celui dont on fait le
plus d'ufage en Chimie.

IX. Le *Tartre* eft une matiere feche que le vin depofe
en forme de croute tout à l'entour du tonneau , & qui ne fe
diffout pas dans l'eau froide.
Mais fi l'on met dans beaucoup
d'eau chaude une certaine quantité de Tartre , pilé dans un mortier , & qu'on le faffe boüillir
jufqu'à ce qu'il foit fondu ; Qu'a-
près avoir filtré la diffolution
dans un vafe de terre , on la réduife par l'ébullition à la moitié ,
& qu'on mette le vaiffeau en un
lieu frais pendant deux ou trois
jours ; Il fe formera aux cotés du
vafe de petits criftaux. Si après

avoir mis ces criſtaux à part, on fait encore évaporer la moitié de la diſſolution qui reſte, & qu'on remette le vaiſſeau à la cave; on en retirera de nouveaux criſtaux, & ainſi de ſuite. C'eſt un Sel eſſentiel, qu'on nomme *Crême* ou *Criſtal* de tartre. On a trouvé à Montpelier le moyen de perfectionner cette operation, en faiſant fondre ces criſtaux dans une eau chargée d'une certaine terre blanche, qui dégraiſſe le Tartre & donne des criſtaux plus purs & plus brillans. (Mem. de l'Acad. 1725.) Ce Sel, comme tous les autres Sels eſſentiels des plantes, ne ſe diſſout que dans une grande quantité d'eau boüillante, & ſe précipite auſſi-tôt que l'eau ceſſe de boüillir.

Si après avoir réduit le Tartre en petits morceaux, on le met entre des charbons ardens, enveloppés d'un papier, & qu'on s'y laisse jusqu'à ce qu'il devienne blanc. Qu'ensuite on le délaye dans beaucoup d'eau chaude, qu'on filtre la dissolution au papier gris, & que l'ayant mise dans un vaisseau de verre on la fasse boüillir jusqu'à ce que toute l'humidité se soit évaporée ; on trouvera au fond du vaisseau ce qu'on nomme le *Sel fixe* ou *Alkali du Tartre.*

Ce Sel étant exposé à l'air se charge de beaucoup d'eau, & se résout en une liqueur, qu'on nomme improprement *Huile de Tartre par défaillance.*

Le Sel fixe qu'on retire de la lie du vin, en la faisant secher au feu, & puis brûler, se nomme *Cendres gravelées.*

PROPOSITION VIII.

La vraie cause de la Dissolution n'a pas encore été connuë.

Les Physiciens se font depuis

long-temps apperçus qu'il devoit néceſſairement y avoir un certain mouvement inteſtin & permanent dans les parties de l'eau, qui la rendît capable de diſſoudre les Sels & d'autres matieres plus ou moins peſantes qu'un pareil volume d'eau ; de les diviſer en particules inſenſibles, & de les tenir ſuſpenduës & uniformement diſperſées dans tout le volume qu'elle occupe : mais il eſt certain qu'ils n'ont pu juſqu'à preſent nous faire comprendre diſtinctement la cauſe de ce mouvement. Ils ont bien dit qu'il procédoit de celui de la matiere ſubtile, dans laquelle les molecules de l'eau ſe mouvoient comme de petites Anguilles qui nageroient dans un étang ; mais c'étoit là ſuppoſer la difficulté que l'on vouloit éclaircir, & ne faire que la tranſporter de l'eau à cette matiere ſubtile, dont ils ſuppoſent que les parties ne font que des globules durs, qui se meuvent en tous sens, en forme de petits Torrens, dont ils ne nous donnent à connoître ni les sources d'où ils viennent, ni les réservoirs où ils vont se rendre, ni la pente qui peut les entraîner, & dont l'effet qu'ils pourroient produire en cette occasion, est d'ailleurs absolument contraire à l'experience, qui nous apprend que le sel s'étend avec uniformité dans toutes les parties de l'eau; uniformité qui ne peut s'accorder en aucune sorte avec des torrens impétueux qui entraîneroient çà & là, tantôt plus, tantôt moins de ces parties solides.

D'ailleurs les Chimistes, à la vûë de certaines experiences qu'ils ont faites sur les Sels, ont jugé qu'il étoit nécessaire d'attribuer à leurs parties de certaines formes bisarres, qui ne contribuent pas peu à rendre abfolument inintelligible tout ce qu'ils nous difent fur ce fujet. Car ils veulent que les parties de quelques-uns de ces fels, qu'ils nomment *Acides*, foient comme de petites éguilles dures & inflexibles, & que les parties de quelques autres, qu'ils nomment *Alkalis*, foient comme de petites éponges capables de recevoir les pointes des fels précédens. Ils prétendent enfuite que quoique chaque particule de fel foit plus pefante qu'un pareil volume d'eau, ces particules ne laiffent pas de pouvoir demeurer fufpenduës, & nager en tous fens dans ce fluide. Et la raifon qu'ils en apportent eft qu'étant très-petites, elles ont beaucoup de fuperficie par rapport à leur volume.

Mais ils montrent en ce point leur peu d'intelligence dans la mécanique. Car cela n'empêche-

roit pas que le même rapport de
pefanteur entre la molecule du
fel & le pareil volume d'eau ne
fubfiftât toujours; ni que cette
plus grande pefanteur de la molecule de fel ne l'obligeât, à la
longueur du tems de fe précipiter au fond de l'eau, à moins que
la molecule de fel ne fut foutenuë au milieu de l'eau par un
mouvement qu'elle auroit pu acquerir, fans lequel elle tomberoit.

Or qu'arrivera-t'il à un petit
Cilindre plus pefant qu'un pareil
volume d'eau, qui ne fe foutien-
dra entre deux eaux que par un
mouvement horizontal, par
exemple, qu'il aura acquis par
quelque caufe que ce puiffe
être? Ce qui arrivera, c'eft
qu'à viteffe égale ce petit Cilindre perdra d'autant plûtôt
le mouvement, qui le foutient
au milieu de l'eau, qu'il fera
plus petit; comme l'on voit dans

l'air qu'à viteffe égale une bale de moufquet perd bien plûtôt fon mouvement qu'un boulet de canon. Ainfi bien-loin que ce moyen foit favorable à la prétention des Chimiftes, il doit produire évidemment un effet tout contraire. Cependant l'experience nous apprend que les molecules du fel que l'eau de la mer a diffou, y demeurent conftamment fufpenduës depuis un très-long efpace de tems. Cet effet doit donc procéder néceffairement de quelqu'autre caufe.

Il feroit inutile de rapporter ici toutes les raifons qui détruifent les idées des Chimiftes Cartefiens fur ce point; les Chimiftes Neutoniens n'ont pas oublié de le faire, & de foutenir hautement, avec grande raifon, que ce mécanifme groffier étoit infuffifant. Mais ont-ils eu autant de raifon d'affurer, comme ils l'ont fait, que le mécanisme en général ne pouvoit en aucune sorte nous fournir les moyens d'expliquer ces effets? & que c'étoit une nécessité inévitable d'avoir recours à de nouveaux principes? aux attractions? aux repulsions indépendantes du choc? Non, tous ces grands mots ne disent rien, & il y a dans la matiere des mouvemens circulaires fins & délicats, mouvemens démontrés perpétuels, dont on a maintenant une connoissance distincte, & qui sont capables de produire mécaniquement bien d'autres effets plus subtils que ne sont ceux de la Dissolution des Sels. Donc, &c. C. Q. F. D.

PROPOSITION IX.

La vertu dissolvante de l'Eau est une suite mécanique de la construction que nous lui avons attribuée.

Pour ne pas multiplier les principes fans néceffité, laiffons d'a-
bord aux molécules du Sel, c'eft-
à-dire, aux dernieres parties de
ce mineral, la figure fpherique,
qui eft une fuite fi immédiate du
mouvement circulaire, & pen-
fons feulement que ces molecules du fel, quoique plus denfes,
& plus pefantes que celles de
l'eau, font toutes néanmoins incomparablement plus petites ;
Ce qui n'empêche pas que celles
d'un certain fel ne puiffent être
plus ou moins groffes, plus ou
moins pefantes, & plus ou moins
polies que celles d'un autre fel.
Et que, comme nous l'avons déja
conclu des principes les plus fimples & les plus intelligibles, les
molecules de l'Eau ne font que
de très-petits tourbillons fphériques, compofés d'autres tourbillons encore plus petits, qui ont
chacun à leur centre un globule

pesant ; Car ce mécanisme intelligible, tout simple qu'il est,
suffit, comme nous le verrons
distinctement dans la suite, pour
expliquer tous les effets expéri-
mentés en Chimie.

Et pour commencer par ceux
de la Dissolution, on concevra
sans peine,

1°. Que si l'on met un Grain
de sel dans l'eau, dont les molecules sont de petits tourbillons
disposés à se mouvoir vers où ils
trouvent moins de résistance, il
arrivera que les petits tourbillons de l'eau s'insinueront d'a-
bord dans les pores du Grain de
sel. Que ces tourbillons semblables à de petits forets qui tour-
nent sans cesse, détacheront peu
à peu les unes des autres les molecules de sel qui sont beaucoup
plus petites. Que ces petits tourbillons entraîneront ces molecules de sel autour de leurs super-

ficies, & leur procureront un mouvement circulaire, qui malgré leur pefanteur plus grande qu'un pareil volume d'eau, les y tiendra fufpenduës. Que les molecules de l'eau qui toucheront d'abord la fuperficie du Grain de fel, s'en étant enveloppées les premieres, donneront lieu aux molecules de l'eau qui toucheront les précédentes de s'en envelopper de même ; Si bien que de couche en couche les molecules de fel feront fucceffivement tranfportées, à l'aide du mouvement circulaire des molecules de l'eau, dans tous les intervales que ces petits tourbillons laiffent entre eux.

2°. Qu'à mefure que les petits tourbillons de l'eau fe chargeront de ces molecules de fel, leurs mouvemens circulaires s'affoibliront; ce qui fera caufe que les petits tourbillons de l'huile *R* (Fig. 51.) contenus dans les pores de l'eau, & qui faifoient équilibre avec les molecules de l'eau, rompront cet équilibre, fortiront de ces intervalles, s'agrandiront, fe transformeront en molecules de l'air, & formeront enfin ces bulles d'air que l'on voit fe dégager de l'eau, durant tout le tems que dure la diffolution du fel. d'où il fuit qu'à mefure que ces petits tourbillons *R* de l'huile fortiront des pores de l'eau, les molecules du fel y entreront pour fe mettre à leur place.

3°. Et comme c'eft par l'entremife des molecules de l'huile *R*, lorfqu'elles font développées par ordre, comme on les voit (Fig. 51.), que les petits tourbillons du premier élément communiquent leur mouvement aux molecules de l'eau, on comprend la raifon pourquoi l'eau devient plus froide dans la diſſolution du ſel; Puiſqu'alors les molecules du ſel prenant la place de ces molecules de l'huile *R*, elles détruiſent les canaux par leſquels le mouvement du premier élément pouvoit ſe communiquer aux molecules de l'eau. Et que ces molecules du ſel étant plus lourdes, elles doivent néceſſairement retarder la circulation des petits tourbillons de l'eau, ce qui doit cauſer la fraicheur que nous y éprouvons.

4°. Que ſans qu'il ſoit néceſſaire de ſuppoſer, comme font les Chimiſtes, que les molecules du ſel ſont longues, roides & pointues, forme qui ne peut proceder d'aucune cauſe mécanique connuë, & qui n'a été imaginée que pour rendre raiſon du picottement qu'elles font à la langue; On concevra diſtinctement qu'en n'attribuant aux molecules

les du sel que la simple forme
sphérique, qui est une suite évidente du mouvement circulaire,
qui est le seul jusqu'à present
que nous ayons employé, & que
nous jugeons devoir suffire pour
expliquer tous les phénomenes
généraux de la nature ; Ces molecules rondes du sel pourront
produire le même picottement
d'une maniere bien plus intelligible. Car les molecules du sel
étant des globules beaucoup plus
durs, plus pesans & plus solides
que ceux de l'eau, & comme du
fer en comparaison du bois, sans
qu'il soit même nécessaire de les
supposer plus gros, & se mouvant circulairement avec une
grande vitesse au tour du centre, & à la superficie des petits
tourbillons de l'eau, ou de la sa-
live, auront bien sans doute tout
ce qui est nécessaire pour frapper les fibres de notre langue,

& y exciter, selon qu'ils seront plus ou moins gros & plus ou moins denses, toutes les diverses impressions ausquelles sont attachées les differentes saveurs. Et en effet est-il nécessaire qu'une balle de mousquet soit pointuë pour percer une porte? ne suffit-il pas qu'elle ait la solidité du plomb & le mouvement que la poudre allumée lui procure? Les molecules du sel, quoique rondes comme cette balle, auront, s'il est nécessaire, la même solidité, un mouvement encore plus prompt, & seront outre cela d'une subtilité, qui ne le cedera en rien aux pointes les plus aiguës

5°. Que chaque molecule de l'eau ne se chargera de plus ni de moins de sel l'une que l'autre. Car s'il arrive que durant un premier instant un petit tourbillon de l'eau soit plus chargé

de molecules de fel que ceux qui
l'environnent, il s'enfuivra que
ce tourbillon étant par ce moyen
devenu plus grand, & fe trouvant plus chargé que fes voifins,
ne circulera pas fi vîte, & aura
par conféquent moins de force
centrifuge. Par où l'on voit que
dès le même inftant, les tourbillons qui l'environnent ne
manqueront pas de s'agrandir à
fes dépens, & de lui enlever la
quantité furabondante des molecules de fel dont il eft furchar-
gé. D'où il fuit que, fans qu'il
foit néceffaire d'avoir recours
aux attractions, & feulement à
l'aide d'un mécanifme fimple,
clair & intelligible, le Sel fe ré-
pandra avec uniformité dans toute l'étenduë de l'eau; & que fi l'on
a jugé qu'il devoit y avoir dans
l'eau des Torrens capables d'y tenir les molecules de fel fufpenduës : ces Torrens ne peuvent être

autre chofe que nos petits Tourbillons, dans lefquels on a démontré que le mouvement circulaire doit être perpétuel.

6°. Que quoique les molecules de fel puiffent entrer dans les
intervalles que laiffent entre eux
les petits tourbillons de l'eau, &
s'étendre uniformément fur leurs
fuperficies ; Ce n'eft pas à dire
pour cela qu'elles puiffent pénétrer dans les molecules de l'eau,
qui font incomparablement plus
étroits que les précédens ; ni à
plus forte raifon, les molecules
de l'eau dans les pores des molecules du fel. D'où il fuit que ces
molecules, tant du fel que de
l'eau, pourront bien s'entremê-
ler & s'arranger entre elles de la
façon que nous venons de le dé-
crire ; mais qu'elles ne pourront
pas fe détruire mutuellement.

7°. Que la force des petits
tourbillons de l'eau, qui entraîne

les molecules du fel dans fes pores, étant bornée; il s'en fuit qu'après qu'une certaine quantité d'eau en aura entraîné un certain nombre, & que toutes fes molecules s'en feront enveloppées, cette eau n'en diffoudra pas davantage. Que l'eau dont on agitera les parties en diffoudra plus, & plus promptement que l'eau tranquille; & que l'eau chaude, dont les petits tourbillons circulent avec plus de viteffe, en diffoudra plus que l'eau froide.

8°. Que fi après que l'eau chaude aura diffou toute la quantité de fel qu'elle peut foutenir, elle vient à fe refroidir; Le mouvement circulaire des molecules de l'eau, qui eft la principale caufe de la fufpenfion des molecules du fel qu'elle tient en diffolution venant à diminuer, en même tems que le volume & la

ſuperficie de chacune de ces mêmes molecules de l'eau diminue,
il eſt viſible que la quantité de
ſel dont l'eau s'étoit chargée en
boüillant, ne pouvant plus être
ſoutenuë par le mouvement qui
reſte aux molecules de l'eau, ſe
précipitera au fond du vaſe ; de
telle ſorte qu'à meſure que l'eau
deviendra de plus en plus froide,
le ſel ſe précipitera en plus grande quantité ; & que lorſque l'eau
ſera prête à ſe geler, elle ne contiendra preſque plus de ſel.
Que la même précipitation du
ſel arrivera, ſi l'on fait évaporer
une partie du volume de l'eau,
puiſqu'à meſure que le nombre
des petits tourbillons de l'eau
contenuë dans le vaſe diminuera, les molecules de ſel que celles de l'eau qui s'eſt diſſipée ſou-
tenoient, & qui à cauſe de leur
peſanteur n'ont pû s'élever dans
l'air, étant reſtées dans l'eau,

& n'y étant pas foutenuës, tomberont néceſſairement.

9°. Que comme les molecules de differens fels peuvent être plus ou moins ſolides, & par conſéquent plus ou moins difficiles à émouvoir; On voit qu'une même quantité d'eau ne pourra pas diſſoudre autant d'un certain ſel que d'un autre. Et que les molecules de differens fels étant auſſi plus ou moins groſſes, il peut fort bien arriver qu'entre les intervales des particules d'un certain ſel déja diſſous dans l'eau, quelques particules d'un autre ſel, plus ſubtiles que celles du précédent, s'y inſinuent; & que par conſéquent une eau ſoulée d'un certain ſel puiſſe diſſoudre encore quelque peu d'un autre ſel, ſans que ni l'un ni l'autre de ces ſels ſe précipitent.

10°. Que le Sel, comme l'experience nous l'apprend, contenant plusieurs molecules de l'huile, qui ne sont point deve-loppées, & qui ne sont par con-séquent encore que de petits tourbillons du premier élément; on concevra que durant la disso-lution les molecules de l'eau en-traîneront aussi ces molecules de l'huile engagées parmi les mole-cules du sel, & que tant les mo-lecules du sel, que ces molecu-les de l'huile, contenuës dans les pores $L\,N\,P$ de l'eau, empêche-ront qu'elles ne s'applatissent l'une sur l'autre, & faciliteront par là leur circulation; ce qui rendra la congelation de l'eau plus difficile.

De sorte qu'à moins que par un froid extrême, c'est-à-dire, par une diminution considérable du mouvement circulaire des molecules de l'eau produite par une cause étrangere, l'équilibre entre les molecules de l'huile & celles

celles de l'eau ne foit rompu ; &
que par le même moyen les molecules du fel ne fe dégagent de
celles de l'huile, ne fe détachent
de celles de l'eau, & ne tombent
au fond par leur propre pefanteur, n'étant plus foutenuës par
le degré du mouvement circulaire des molecules de l'eau qui
convient à cet effet ; à moins,
dis je, que tous ces accidens
n'arrivent, l'eau falée ne pourra
fe geler. Mais s'il arrive enfin
que les molecules de l'huile fe
dégagent d'entre les molecules
du fel : que le fel fe précipite au
fond du vafe : que par ce moyen
les molecules de l'huile ayent la
facilité de s'agrandir, de fe transformer en molecules de l'air, &
de fortir des pores de l'eau : cette
eau dégagée prefqu'entierement
des molecules du fel & de l'huile,
fe gelera à l'ordinaire. Donc &c.
C. Q. F. D.

PROPOSITION X.

La purification des Sels par la dif-
folution & par la criftallifation
eft une fuite des principes que
nous venons d'établir.

1°. Dans la diffolution l'eau divifant, féparant & entraînant dans fes pores les molecules du fel, on conçoit d'abord qu'elle n'y peut entraîner de la même façon les parties plus groffieres que le fel peut contenir, & que ces particules terreftres refteront au fond du vafe; d'où il fuit qu'on les féparera de celles du fel, en verfant par inclination la liqueur dans un autre vaiffeau, ou en faifant paffer la diffolution à travers un linge ou un papier gris pofé fur un entonnoir; en un mot, en filtrant la liqueur: car l'eau & le fel qu'elle aura diffou pafferont par les pores du filtre, & la terre jointe à l'huile la plus grossiere restera dessus.

2°. Il arrivera aussi que les particules du sel qui sont très-subtiles, en comparaison des particules terrestres, entrant dans les pores de l'eau, s'attacheront plus intimement à la superficie des molécules de l'eau, que ne font les particules terrestres que l'eau auroit pu préalablement contenir dans ses pores. D'où il suit que les molecules de l'eau, à cause de cette adherence des parties pesantes du sel à leurs superficies, perdront une partie de leur vitesse circulaire; ce qui fera cause que les particules terrestres n'étant plus soutenuës dans les pores de l'eau par une force suffisante, se précipiteront au fond du vase, à mesure que les molecules du sel y entreront.

3°. Mais comme dans la simple dissolution les molecules du

fel font encore entremêlées de quantité de molecules de l'huile que l'eau a entraînées en même tems que le fel, ce ne fera que dans la criftallifation que le fel pourra fe féparer de la plus gran-de partie de cette huile, & fe purifier de plus en plus. En effet les molecules de l'huile étant plus legeres & plus vifceufes que celles de l'eau, elles doivent refter pour la plus part en-gagées dans les pores de l'eau, tandis que les grains de fel fe forment & fe précipitent au fond du vafe. D'où il fuit que par la criftallifation le fel doit fe fépa-rer de la plus grande partie de l'huile qu'il contenoit, & deve-nir par conféquent plus pur.

II. Mais la féparation du Nitre d'avec le Sel marin demande une confideration particuliere ; car M. Petit (Mem. de l'Ac. 1729.) a fait fur ce fujet des experien-

ces très-belles, très-curieuses &
très-importantes. Il a éprouvé,

1°. Que dans le tems le plus
froid 3 onces ou 24 gros d'Eau
de Seine bien épurée, tenoit en
diffolution une once ou 8 gros
de fel marin ; Que la même
quantité de cette eau confidérablement chaude n'en diffolvoit
pas fenfiblement davantage ; Et
que lorfqu'elle étoit boüillante,
elle n'en pouvoit diffoudre qu'environ un gros de plus. De forte
que l'eau ceffant de boüillir, elle
ne dépofe au fond du vafe que
ce peu de fel qu'elle avoit diffou
de plus en boüillant, & retient
toujours tout le refte en diffolution, quoiqu'elle devienne très-
froide.

2°. Que dans un tems temperé, 24 gros d'Eau de Seine tenoit
pareillement en diffolution huit
gros de Salpêtre ; mais qu'à mefure que la même eau devenoit

plus froide, une partie de ce sel se cristallisoit & tomboit au fond du vase; de telle sorte que dans le tems le plus froid l'eau n'en retenoit en dissolution qu'environ trois gros.

3°. Qu'à mesure que l'eau devenoit moins froide, elle dissolvoit une plus grande quantité de Salpêtre; de sorte qu'à une chaleur médiocre, 24 gros d'eau qui en avoit d'abord dissou 8 gros, en pouvoit dissoudre encore 16 gros, lesquels se précipitoient à mesure que l'eau revenoit à son premier état. Et qu'enfin 24 gros d'eau boüillante en pouvoit tenir en dissolution plus de 72 gros, c'est-à-dire, que trois onces d'eau qui ne peuvent tenir en dissolution qu'une once de Sel marin, pouvoient dissoudre jusqu'à 9 onces de Salpêtre.

4°. Que si après avoir fait dissoudre 8 gros de Sel marin dans

24 gros d'eau, on y jettoit 8 gros & $\frac{1}{2}$ de Salpêtre, ce nouveau sel s'y diſſolvoit entierement, ſans que le ſel marin ſe précipitât. Au contraire jettant encore dans la diſſolution $\frac{1}{2}$ gros de Sel marin, ce ſel diſparoiſſoit. De ſorte que les mêmes 24 gros d'eau tenoient alors en diſſolution 8 gros $\frac{1}{2}$ de Sel marin, & 8 gros $\frac{1}{2}$ de Salpêtre.

5°. Que ſi après avoir fait diſſoudre 8 gros de Sel marin, & 8 gros de Salpêtre dans 24 gros d'eau froide on faiſoit chauffer la diſſolution, on pouvoit encore y jetter 16 gros de Salpêtre, qui s'y diſſolvoient à une médiocre chaleur, & qu'au moment que la liqueur commençoit à boüillir, elle pouvoit diſſoudre encore 48 gros de Salpêtre. De ſorte que 24 gros d'eau boüillante tenoit en diſſolution 8 gros de Sel marin, & 72 gros de Salpêtre bien rafiné.

6°. Mais qu'à mesure que l'eau perdoit de sa chaleur, la quantité de Salpêtre qu'on y avoit mis de plus se précipitoit, sans que la quantité de Sel marin cessât de s'y tenir suspenduë ; si bien qu'au moment que l'eau étoit revenuë à son premier état, elle contenoit encore 8 gros de Sel marin & 8 gros de Salpêtre, & qu'il se précipitoit 64 gros de Salpêtre.

III. Toutes ces observations & ces belles expériences, si nous voulons ne nous en tenir qu'aux simples loix des mécaniques, nous font comprendre,

1°. Que les molécules du sel marin dont l'eau considerablement chaude, ne dissout pas une plus grande quantité que la plus froide, sont d'une telle grandeur qu'elles ne peuvent être contenuës qu'au centre R des

pores de l'eau, ce qui eſt cauſe
que les molecules de l'eau, quoiqu'elles circulent plus promptement, lorſque l'eau eſt chaude
que lorſqu'elle eſt froide , ne
peuvent les entraîner ſur leurs
ſuperficies *NBP, PIL, LHN,*
&c. D'où il ſuit clairement qu'à
volume égal l'eau chaude n'en
pourra pas diſſoudre une plus
grande quantité que la froide, à
moins que par l'ébullition ſes
molecules, & par conſéquent
ſes pores ne s'agrandiſſent conſi-
dérablement, & que leurs centres *R* ne puiſſent contenir un
plus grand nombre de ces molecules de ſel.

2°. Que les molecules des ſels
qui ne peuvent être diſſous que
par l'eau boüillante, & qui ſe
précipitent auſſi-tôt qu'elle ceſſe
de boüillir ; tels que ſont les ſels
eſſentiels des plantes, doivent
être d'une telle groſſeur, qu'elles

ne puiſſent ſe loger dans les pores de l'eau, que lorſque les petits tourbillons de l'eau, & par conſéquent les pores ou les intervales qu'ils laiſſent entre eux, auront acquis toute la grandeur dont ils ſont capables. Car il s'enſuivra de là que l'eau ne pourra diſſoudre ces ſortes de ſels, & les tenir ſuſpendus, que tant qu'elle bouillira : Qu'à meſure que l'eau deviendra froide, & que ſes pores ſe rétréciront, les molecules de ces ſels ne pouvant plus être contenuës dans les pores de l'eau, en ſeront chaſſées par le ſeul mouvement circulaire des molecules de l'eau ; & qu'elles ſe précipiteront au fond du vaſe.

3°. Que les particules du Salpêtre qui ſe diſſout dans l'eau, en quantité d'autant plus grande, qu'elle eſt plus chaude, & d'autant moindre, qu'elle eſt plus froide ; doivent être ſi petites &

fi bien entrelaſſées de molecules
de l'huile, que les molecules de
l'eau auront la puiſſance de les
entraîner en circulant, non ſeulement aux centres *R* des intervales qu'elles laiſſent entre elles,
mais encore ſur toute l'étendue
de leur ſuperficie *NBP*, *PIL*,
LHN, où elles formeront une
enveloppe ou une eſpece d'atmoſphere à chacune des molecules de l'eau. Que cette atmoſphere pourra devenir de plus en
plus épaiſſe, à meſure que l'eau
deviendra plus chaude que ſes
molecules acquerront un mouvement circulaire plus prompt ;
Et que cette même atmoſphere
pourra devenir d'autant plus
mince, que le mouvement circulaire des molecules de l'eau
diminuera, ou que l'eau deviendra plus froide. Ce qui fera cauſe que l'eau chaude ; l'eau boüillante pourra tenir en diſſolution

une grande quantité de fel ; de forte que ce même fel fe précipitera à mefure que la chaleur de l'eau diminuera, & qu'elle deviendra de plus en plus froide.

4°. Que quoiqu'un certain volume d'eau ait diffou du Sel marin tout ce qu'il en peut diffoudre ; comme les molecules de ce fel n'occupent que le centre R des pores de l'eau, & que les molecules du Salpêtre, à caufe de leur extrême petiteffe, peuvent facilement fe loger dans les intervalles qui reftent ; Si l'on jette dans la diffolution autant de ce fel que le volume d'eau peut en diffoudre ordinairement, ce fel ne laiffera pas de fe diffoudre entierement, & de former autour de chacune des molecules de l'eau, les atmof-pheres dont nous venons de parler, fans que le Sel marin fe précipite. Au contraire ces atmof-pheres formées de molécules de Salpêtre & d'huile, ne compofant chacune avec la molecule de l'eau qu'elle environne, qu'un même petit tourbillon, dont la fuperficie fera plus raboteufe, pourront encore avec plus de facilité entraîner les molecules du Sel marin dans les centres *R* des intervalles que ces tourbillons laifferont entre eux, & les y foutenir, lorfqu'elles y feront déja introduites; ce qui fera caufe que dans un tems temperé, 24 gros d'eau qui auront déja diffou 8 gros de Sel marin & 8 gros & $\frac{1}{2}$ de Salpêtre, qui eft tout ce qu'elles peuvent diffoudre de chacun de ces fels pris féparément, pourront encore diffoudre $\frac{1}{2}$ gros de Sel marin, lorfqu'elles auront diffou l'une & l'autre dofe de ces fels; & rien n'empêche qu'à mefure que l'eau deviendra plus chaude, les at-

mofpheres compofées de molecules de Salpêtre & d'huile, que
fes petits tourbillons ont acquis,
n'augmentent de plus en plus,
& que cette même quantité d'eau
ne tienne en diffolution une dofe
de Salpêtre de plus en plus grande, fans que le Sel marin fe précipite. Au contraire, lorfque
cette eau bouillira, quoiqu'elle
ait déja diffou 8 gros de Sel marin, elle pourra encore diffoudre 72 gros de Salpêtre, fans que
cela empêche qu'elle ne puiffe
encore diffoudre un gros ou un
gros & demi de Sel marin ; car
elle n'en fera devenuë que plus
difpofée à cet effet.

IV. Dans la fabrique du Salpêtre on peut fuppofer que la
grande quantité d'eau qu'on a
d'abord fait boüillir avec les ma-
teriaux propres à cet effet, s'eft
chargée d'autant de Sel marin
qu'elle en a pû diffoudre, parce

que ces matieres contiennent
toujours une affez grande quantité de ce fel, & que la dofe de
Sel marin qu'une certaine quantité d'eau peut diffoudre, eft
toujours beaucoup moindre que
celle du Salpêtre, qu'elle peut
tenir en diffolution, puifqu'elle
peut être huit ou neuf fois auffi
grande; & que cette même quantité d'eau peut par conféquent
n'avoir pas trouvé dans les mêmes matieres affez de Salpêtre
pour s'en raffafier. D'où il fuit
que lorfqu'à force de boüillir
le volume de l'eau vient à diminuer, le Sel marin doit d'abord
être celui qui fe criftallifera le
premier; ce qu'il fait en effet
d'une maniere admirable, ainfi
que M. Petit l'a foigneufement
obfervé; car il fe foutient fur la
fuperficie de l'eau en forme de
petites piramides quarrées, creu-
fes & renverfées la pointe en bas,

qui forment toutes enfemble une efpece de croute que le mouvement de l'eau boüillante brife enfuite en mille morceaux, qui fe précipitent par leur pefanteur au fond de la chaudiere, fi l'on n'a le foin de retirer ce fel du deffus de la fuperficie de l'eau, à mefure qu'il fe forme, ce qui dure jufqu'à ce que le volume de l'eau ait diminué de la moitié.

D'où il fuit que fi dès qu'on a éteint le feu, & que l'eau a ceffé de boüillir, on verfe par inclination la diffolution qui eft dans la chaudiere dans un autre vaiffeau, pour en féparer les grains du Sel marin qui font au fond ; & qu'on la mette en un lieu frais, on comprend qu'alors le Sel marin qui eft refté dans l'eau qui ne bout plus, y fera foutenuë, quoique l'eau devienne plus froide ; & que durant la criftallifation il n'y aura que le Salpêtre

pêtre qui se précipitera au fond
de la cuve, par la raison que
l'eau froide tient en dissolution
autant de Sel marin que lorsqu'elle est chaude, & qu'elle ne
peut soutenir étant froide qu'u-
ne très-petite quantité de Salpêtre, en comparaison de celle
qu'elle soutient lorsqu'elle est
chaude.

REMARQUE.

Nous avons raporté (pag. 141)
une belle experience de M. de
Reaumur sur le Sel marin & le
Salpêtre, d'où cet illustre Physi-
cien a tiré un moyen très-exact
& très-ingénieux d'éprouver la
poudre à Canon. C'est que le
Termometre étant mis dans un
mélange de glace broyée & de
Sel marin, descend jusqu'au degré 15 au dessous du point de la
congelation ; Au lieu que dans
un mélange de glace broyée &
de Salpêtre bien rafiné, ou sépa-

ré de tout le Sel marin qu'il peut contenir, le Termometre ne deſcend que juſqu'au degré 3.

La cauſe de cet effet n'a pas encore été donnée, que je ſache, il faut donc tâcher de la découvrir ici ; car on ne manqueroit pas apparemment de nous payer de quelque qualité froide & occulte, plus grande dans le Sel marin que dans le Salpêtre ; ou de quelque matiere de feu plus abondante dans le Salpêtre que dans le Sel marin : ou peut-être même de quelques vertus attractives & répulſives differemment combinées ; ſans penſer jamais que tout ceci ne procéde que d'un mécaniſme ſi pur & ſi ſimple, qu'il n'y a qu'à réfléchir tant ſoit peu ſur ce que nous venons de dire, pour le découvrir diſtinctement.

Car comme il faut dans cette experience, pour que le Termo-

metre marche , que la glace
mêlée avec le fel, fonde & fe réduife en eau ; on conçoit que
cette eau quoique froide ne laiffera pas de diffoudre, comme
nous l'avons expliqué & que
l'experience le confirme, autant
de Sel marin que fi elle étoit confidérablement chaude. Au lieu
que cette même eau froide ne
pourra diffoudre que très-peu de
Salpêtre.

Ainfi 24 gros de cette eau extrêmement froide, diffoudra d'u-
ne part 8 gros de Sel marin, tandis que de l'autre part elle ne
pourra diffoudre peut-être qu'un
ou deux gros de Salpêtre, fuivant les experiences de M.
Petit.

Or plus l'eau contient de Sel ,
moins elle eft fufceptible de la
chaleur de l'air qui l'environne.
Donc le mêlange de Sel marin
& de glace fonduë qui a diffou

plus de Sel, doit être considerablement plus froid, que le mêlange de Salpêtre & de glace
fonduë, qui en a moins diſſou.
Donc par une raiſon ſimplement
mécanique, le premier mêlange
doit faire deſcendre le termometre beaucoup plus bas que ne
le fera deſcendre le ſecond mêlange. Ce qu'il falloit expliquer.

*Fin de la neuviéme Leçon, & du
ſecond Tome.*

AVERTISSEMENT

*On ne joindra pas ici le Mémoire
ſur l'Aiman, comme on ſe l'étoit
propoſé, ce qui groſſiroit trop ce Volume, & interromproit la ſuite des
matieres que nous avons encore à
traiter. On le donnera dans le Volume qui ſuivra de près celui-ci.*